Os Robôs Fazem Amor?

OS ROBÔS

Laurent Alexandre
Jean-Michel Besnier

FAZEM AMOR?

O Transumanismo em Doze Questões

TRADUÇÃO DE GITA K. GUINSBURG

Les Robots font-ils l'amour? Les Transhumanisme en 12 questions

Coleção Big Bang
Dirigida por Gita K. Guinsburg

Coordenação de texto: Luiz Henrique Soares e Elen Durando
Preparação: Ana Carolina Salinas
Revisão de texto: Marcio Honorio de Godoy
Capa e projeto gráfico: Sergio Kon
Produção: Ricardo Neves e Sergio Kon

CIP-Brasil. Catalogação na Publicação
Sindicato Nacional dos Editores de Livros, RJ

A369r
Alexandre, Laurent
Os robôs fazem amor? : o transumanismo em doze questões / Laurent Alexandre, Jean-Michel Besnier ; tradução Gita K. Guinsburg ; prefácio Marta M. Kanashiro. - 1. ed. - São Paulo : Perspectiva, 2022.
128 p. (Big bang)

Tradução de: Les robots font ils l'amour? : le transhumanisme en 12 questions
Inclui índice
ISBN 978-65-5505-114-8

1. Antropologia filosófica. 2. Inteligência artificial. 3. Transumanismo. I. Besnier, Jean-Michel. II. Guinsburg, Gita K. III. Kanashiro, Marta M. IV. Título. V. Série.

22-78302 CDD: 128
CDU: 165.742

Meri Gleice Rodrigues de Souza - Bibliotecária - CRB-7/6439
10/06/2022 17/06/2022

1ª edição.

EDITORA PERSPECTIVA LTDA.
Alameda Santos, 1909, cj. 22
01419-100 São Paulo SP Brasil
Tel.: (11) 3885-8388
www.editoraperspectiva.com.br

2022

www.
EDITORAPERSPECTIVA
.com.br

SUMÁRIO

Prefácio [Marta M. Kanashiro]
11

Prólogo
17

1 É Preciso Melhorar a Espécie Humana?
21

2 A Humanidade Deve Mudar a Sua Reprodução?
31

3 A Técnica Pode Consertar Tudo?
41

4 Amanhã, Todos Ciborgues?
47

5 É Possível Fazer Amor Com um Robô?
55

6 É Desejável Viver Mil Anos?
61

7 O Transumanismo É um Eugenismo?
69

8 A Inteligência Artificial Irá Matar o Homem?
77

9 Quais São os Desafios Econômicos?
87

10 É Preciso Legislar?
97

11 Devemos Temer um "Admirável Mundo Novo"?
105

12 Até Onde Desenvolver a Pesquisa?
113

Para Ir Mais Longe
121

Índice de Nomes e Conceitos
123

PREFÁCIO

A FILÓSOFA HANNAH ARENDT NOS DEIXA INDICAÇÕES IMPORTANTES em seu livro *A Condição Humana* (1958) sobre a prudência que denota duvidar da capacidade de julgamento político dos cientistas. Para ela, isso se deve ao fato de habitarem "um mundo no qual as palavras perderam o seu poder", impossibilitando a discussão e, consequentemente, o exercício de um mecanismo crucial para que o mundo e a vida adquiram sentido. Arendt está olhando em parte para o advento da automação, e de forma mais intensa e vivenciada, para os acontecimentos tenebrosos da Segunda Guerra Mundial e do Projeto Manhattan, quando ficou clara a possibilidade de extermínio da vida humana em escala planetária. Desde a criação de armas nucleares, portanto, não se pode mais alegar ingenuidade sobre os rumos que podem tomar determinados desenvolvimentos científicos e tecnológicos, e nem uma separação entre ciência e política de um modo global.

Não é sem motivo que a comparação com um risco dessa mesma magnitude seja encontrada no diálogo entre Laurent Alexandre e Jean-Michel Besnier, ao tratarem do conjunto de desenvolvimentos que povoam o horizonte das ciências reunidas sob a sigla NBIC, e dos sonhos transumanistas e singularistas. Afinal, dessa perspectiva, trata-se da extinção da vida humana como a conhecemos, da mudança radical do curso da humanidade pelos arranjos interdisciplinares com a cibernética, que teve seus primeiros delineamentos traçados há exatos oitenta anos, no The Cerebral Inhibition Meeting (Encontro Sobre Inibição Cerebral, 1942) que precedeu e estimulou as Conferências Macy (1946-1953)[1].

Ainda que Besnier em diferentes momentos do diálogo com Laurent rememore obras de ficção científica, é fundamental compreender que os esforços para a realização de um mundo pós-humano e transumano já têm uma longa história e são bastante concretos, contando não apenas com grandes corporações e governos, mas com uma reunião invejável de investimentos e instituições.

As gigantes de tecnologia indicadas pelo acrônimo Gafam (Google, Apple, Facebook, Amazon e Microsoft) têm uma inigualável possibilidade de influência sobre governos e sobre o futuro quando se observa que reúnem mais informação do que muitos Estados Nacionais, e que valem juntas mais do que o Produto Interno Bruto da maior parte dos países do planeta. Esses aspectos fazem emergir a desproporção do poderio de alguns grupos e sua capacidade de colonizar o futuro, assim como configuram o que sustenta e incentiva o projeto transumanista.

Mas, ao mesmo tempo que esse panorama nos apresenta um tom de inexorabilidade do fim do humano como o conhecemos, também é possível vislumbrar que a certeza nessa rota é atravessada pela mesma redução de possibilidades que a perpetrada pela crença nas predições algorítmicas, como uma profecia autorrealizável. A escapatória dessa via de mão única requer, entre outras estratégias, questionamentos como os colocados por Besnier e ainda outros que a leitura do debate nos provoca.

1 Ainda que as Conferências Macy – como marco de origem do movimento cibernético – sejam correntemente situadas logo após a Segunda Guerra, Steve Joshua Heims indica o evento Cerebral Inhibition Meeting, ocorrido em maio de 1942, na cidade de Nova York, como sendo o nascedouro do que logo em seguida seriam as conferências. Esse primeiro evento interdisciplinar foi organizado por Frank Freemonth-Smith, diretor da Josiah Macy Jr. Foundation e reuniu, dentre outros, Warren McCulloch, Arturo Rosenblueth, Gregory Bateson e Margaret Mead. (Steve Joshua Heims, *Constructing a Social Science for Postwar America: The Cybernetics Group 1946-1953*. Cambridge: Mit Press, 1991.)

O primeiro passo para outros futuros possíveis requer questionar o que aparece neste livro como uma das poucas posições comuns entre Laurent e Besnier, a saber, que a tecnologia não é boa ou má e que tudo depende do uso que o ser humano fará dela. Ainda que seja fundamental afastar pontos de vista que sejam tecnofílicos e tecnofóbicos, deslocar o problema para o uso que se faz da tecnologia resvala para uma perspectiva de neutralidade, afastando o momento de sua formulação ou invenção.

A discriminação algorítmica ou viés algorítmico, por exemplo, diz respeito exatamente a um problema recorrente e intensamente debatido sobre a construção da tecnologia ou do pensamento humano concretizado em código e que, portanto, é anterior à utilização. Da mesma forma, os pedidos de moratória das técnicas de modificação de DNA, em 2020, situam o problema na fase de desenvolvimento, ecoando questões éticas, os princípios de precaução e de prevenção predominantes na área ambiental, e o já conhecido potencial destrutivo de alguns feitos científicos. Assim, seja nos poucos aspectos em que estão de acordo, ou naqueles que divergem, ambos os autores acabam por nos convocar a um olhar antropológico e a uma leitura interessada em destrinchar as formas de pensamento e de visão de mundo que saltam nas linhas e nas entrelinhas.

Diante do atual contexto político de ascensão de perspectivas conservadoras e autoritárias em todo o mundo, a tradução do presente livro torna-se ainda mais urgente. Ainda que se apoie na possibilidade de realização de conferências cidadãs para o debate sobre tecnologia, Besnier nos lembra da incapacidade da tecnologia de se autolimitar, ao que devemos somar a diferença na velocidade com que caminha a legislação e o direito, por um lado, e o desenvolvimento tecnológico por outro, e o desejo similar que habita os sonhos neoliberais do ilimitado.

Ao reduzir questões políticas a um erro inerentemente humano, ligado às emoções que as máquinas não possuem, Laurent deixa claro os desejos cibernéticos de expulsão do humano, o que recai sobre a negação das possibilidades da linguagem humana, da filosofia, das artes, da partilha do sensível[2], assim como das capacidades humanas de negociar, argumentar, deliberar e fazer política. Ele indica claramente que uma política cibernética ou de inteligência artificial, que atua puramente como gestão e cálculo, dentro de uma lógica computacional binária de erro e acerto, já está em elaboração, especialmente conduzida pelas empresas que compõem a sigla Gafam. É dessa forma que o transumanismo flerta com uma perspectiva reduzida da noção de política, que traz como constituinte um alto potencial totalitário.

A definição do que é o humano como principal questão política e filosófica do século XXI já foi postulada há alguns anos pelo transumanista e singularista Ray Kurzweil – diversas vezes citado neste livro –, e aponta que de alguma forma este é um campo em disputa e não previamente decidido. As discussões levantadas por Laurent e Besnier problematizam a definição e os limites do humano e trazem temas fundamentais para vislumbrar a direção e os rumos atuais do desenvolvimento tecnológico, dos quais todos já participamos, ainda que de lugares e com posicionamentos muito distintos. A ampliação de possibilidades futuras e o escape à inexorabilidade do transumanismo chega através de Besnier indicando que a escritura e o signo são recursos não digitais, que funcionam como um convite à reflexão dos leitores consigo mesmos, com o autor, com outros leitores. A aposta desse autor é exatamente na duração humana da leitura, na potência que abrigam as palavras, a escritura, a linguagem humana, o mundo interno de cada um e a possibilidade de relação com o outro (impossível às máquinas).

É com esse estímulo que a publicação brasileira de *Os Robôs Fazem Amor?* nos enseja a refletir sobre questões que extrapolam

2 Jacques Rancière aproxima as noções de arte e política como forma de ampliar a noção do fazer político que para ser democrático deve ser constituído pela e incentivar a multiplicidade. É pelo múltiplo e pelo sensível que esta perspectiva pode ser observada em oposição à lógica binária computacional.

a própria escritura e suas linhas, e que se precipitam nas muitas especificidades de leitores e leitoras. Os autores nos escrevem a partir de uma perspectiva marcadamente oriunda do Norte Global e acabam por propor, às avessas e de forma não intencional, uma reflexão de lugares outros.

MARTA M. KANASHIRO
Universidade Estadual de Campinas (Unicamp); pesquisadora do Laboratório de Jornalismo (Labjor); e professora do Programa de Pós-Graduação em Divulgação Científica e Cultural (PPG-DCC – Labjor e IEL).

PRÓLOGO

SER HUMANO AMPLIADO, BIOLOGIA SINTÉTICA, PRÓTESES BIÔNICAS, inteligência artificial... Os avanços da tecnologia se encadeiam com uma velocidade assombrosa. Temas que há uma década eram do domínio da ficção científica hoje são objeto de pesquisas cuidadosas realizadas em laboratórios. As máquinas baseadas na inteligência artificial revelam sua extraordinária potência. Depois das derrotas de Gary Kasparov no jogo de xadrez contra o Deep Blue, concebido pela IBM (1997), e sobretudo depois do fracasso de Lee Sedol no jogo de Go diante do AlphaGo, inventado pela Google (2016), os domínios em que a inteligência humana ultrapassa a das máquinas diminuiram.

As transformações econômicas que podemos esperar são consideráveis. Por ser tão longa, é impossível elaborar uma lista de profissões que serão aniquiladas pela nova vaga da automatização. Ao contrário das máquinas a vapor que haviam invadido a indústria no século XIX, seguidas pelos robôs que fizeram o mesmo na segunda metade do século XX, as novas máquinas não substituem a força humana, mas aquilo que a gente pensava até então ser parte peculiar do homem: o conhecimento, o julgamento, a análise e até o raciocínio.

Essa prodigiosa aceleração tecnológica é possibilitada pela convergência de quatro disciplinas que evoluíram, até agora, separadamente: as nanotecnologias, que manipulam a matéria na escala do átomo; as biotecnologias, que modelam o ser vivo; a informática, em particular nos seus aspectos mais fundamentais; e, por fim, as ciências cognitivas, que se debruçam sobre o funcionamento do cérebro humano. É a explosão dessas NBIC (nanotecnologias, biotecnologias, informática e ciências cognitivas) que permite encarar o projeto inédito, prometeico, sem precedente, que é o assunto deste livro: modificar o homem, melhorá-lo, aperfeiçoá-lo, aumentá-lo. Ultrapassá-lo.

Para os transumanistas, muito influentes no Vale do Silício, coração da revolução das NBIC, esse aperfeiçoamento, essa melhoria da espécie humana por meio da técnica é a única chance de o *Homo sapiens* não ser ultrapassado pelas máquinas que ele próprio inventou. Tais hibridações entre homens e máquinas, de fato, já começaram: pense no coração artificial desenvolvido pela sociedade Carmat, enxertado em muitos pacientes com insuficiência cardíaca. Mas isso é só um prelúdio em relação a tudo o que possivelmente irá surgir dentro de alguns decênios: intervenção no DNA humano para suprimir as sequências responsáveis por doenças genéticas, fabricação de órgãos por impressoras 3D, estimulação magnética do cérebro, acoplamento de seu funcionamento a dispositivos de inteligência artificial, amplificação das faculdades perceptivas bem como ampliação da força física. E, para alguns, há até mesmo a perspectiva de uma extensão indefinida da expectativa de vida, a ponto de considerarem a eutanásia da morte.

Se tais perspectivas entusiasmam os transumanistas, elas inquietam outras correntes de pensamento. O que restará do livre-arbítrio de um humano indissociavelmente acoplado às suas máquinas? Seria realmente desejável viver mil anos? Como coabitarão os humanos ampliados e os outros? Não deveríamos temer uma espécie de biototalitarismo, à maneira do *Admirável Mundo Novo* de Aldous Huxley, que, em seu tempo (1932), não passava de pura ficção científica, mas que hoje procede de uma antecipação realista de nossos possíveis futuros?

Sobre essas questões, estamos em desacordo. Tivemos ocasião de debater isso em público diversas vezes, de digladiar, de discutir nossos argumentos. Não adianta nada: nosso desacordo permanece fundamental. Mas também pudemos constatar, durante os debates, que nossas posições convergiam em dois pontos, talvez até mais fundamentais: a importância da discussão racional, argumentada e mutuamente respeitosa; e a convicção de que a técnica não é, em si, boa ou má, e que tudo depende do uso que o homem escolhe fazer dela.

Foi essa constatação que fez com que tivéssemos a necessidade de escrever este livro à maneira de um diálogo. Que o leitor não espere encontrar aqui uma reconciliação final, um súbito consenso ecumênico. Não, este livro é uma querela, um debate firme, uma disputa agonística, daquelas que os gregos antigos praticavam para o bem maior de sua democracia. E nossa maior esperança é que nossa discussão seja proveitosa, ela também, para a vitalidade do debate democrático sobre os gigantescos desafios que as NBIC lançam à nossa humanidade.

LAURENT ALEXANDRE

JEAN-MICHEL BESNIER

É PRECISO MELHORAR A ESPÉCIE HUMANA?

1

O homem torna-se um contramestre da criação, um inventor de fenômenos; e não se sabe, a esse respeito, fixar limites ao poder que ele pode adquirir sobre a natureza, por meio dos progressos futuros das ciências experimentais

CLAUDE BERNARD, 1865

Uma revolução tecnológica está em curso: a da convergência das nanotecnologias, das biotecnologias e da inteligência artificial. Ela permite imaginar a melhoria das performances do corpo e do cérebro. A tecnologia pode criar um homem ampliado, e poderá ir cada vez mais longe nessa empreitada. Mas deveria fazê-lo?

LAURENT ALEXANDRE: O papel da tecnologia é o de assegurar o viver bem, melhorar as condições da vida humana. Ninguém se opõe ao progresso da medicina, que permitiu um aumento contínuo da expectativa de vida. E esse aumento vai continuar. Há um grande número razões para aceitar a correção de nossas fraquezas biológicas, enquanto a tecnologia o permitir. Tomemos o exemplo das doenças da retina. Um francês em três será afetado pela degenerescência macular ligada à idade (DMLI). Essa doença, que conduz à cegueira pela destruição do centro da retina, já atinge mais de um milhão de franceses, e esse número irá disparar com o envelhecimento da população. Ao lado da DMLI, diversos tipos de afecções da retina também conduzem inexoravelmente à cegueira sem nenhum tratamento convincente. Ora, saberemos cada vez mais tratar desse grave *handicap* graças aos progressos da eletrônica e das biotecnologias. Por que nos privarmos dessas técnicas?

PROMESSAS TÉCNICAS CONTRA A CEGUEIRA

Duas famílias de tecnologias permitem prever o tratamento da degenerescência macular ligada à idade (DMLI). A primeira é a colocação de implantes eletrônicos na retina, ou diretamente no córtex cerebral, conectados a uma microcâmera. É uma sequência lógica pensar no tratamento da surdez com implantes cocleares, isto é, auditivos. Hoje em dia, esse olho biônico dá ao paciente apenas uma visão medíocre, mas os constantes progressos dos microprocessadores e dos sensores eletrônicos permitem esperar que implantes de algumas dezenas de milhões de *pixels*, trazendo um real conforto visual, possam estar aperfeiçoados antes de 2025.

A segunda reagrupa as tecnologias biológicas: células-tronco e terapias genéticas. Em abril de 2011, uma equipe japonesa anunciou na revista *Nature* a fabricação em proveta de retinas de ratos a partir de células-tronco embrionárias. A aplicação das células-tronco em doenças da retina humana deverá ser operacional por volta de 2025. A terapia genética, por sua vez, oferece esperança para os pacientes jovens com retinose hereditária. As primeiras terapias genéticas para a retinose pigmentar de cachorros levaram a uma normalização da função da retina além de qualquer expectativa. A passagem desse tratamento para o homem já começou. Uma terapia genética experimental, publicada no início de 2012, permitiu restaurar parcialmente a visão de três pacientes afetados por uma forma de amaurose congênita de Leber. Essa doença rara é uma degenerescência incurável de receptores da retina que leva a uma cegueira completa antes dos trinta anos.

L.A

JEAN-MICHEL BESNIER: Na verdade, não se trata de se privar de tais técnicas. Contudo, será preciso aceitar tudo que somos capazes de fazer? "Tudo aquilo que é tecnicamente realizável merece ser realizado, seja qual for o custo ético," dizia o físico Dennis Gabor, o inventor da holografia, que lhe valeu o Prêmio Nobel de Física em 1971. Por mais que a gente se comova com o cinismo envolvido nesse axioma, infelizmente ele tem força de lei entre os aduladores do mercado todo-poderoso, convictos de que a seleção dos objetos técnicos obedece ao mesmo mecanismo que o das espécies naturais. É claro que hoje procuramos fazer o certo com relação à ética, com comitês que examinam a aceitabilidade das realizações técnicas, mas o jogo é duro pois o incentivo à inovação a qualquer preço se tornou um verdadeiro dogma entre os que tomam decisões na política e nas indústrias.

LA: Nesse ponto, não concordo com você de forma alguma, porque eu apoio a cultura da inovação. Nós iremos mais longe porque podemos. No fim, não haverá mais limites nítidos entre o homem consertado e o homem ampliado. Em 2080, deverão ser colocados na prisão os cegos que quiserem implantar uma retina artificial que possibilita uma visão superior à normal? A resposta, com certeza, seria não. Em alguns decênios, passaremos de uma medicina de reparação para uma medicina de ampliação. Não esqueçamos que um homem vacinado já é um homem ampliado!

JMB: Eu vou aproveitar essa ideia de medicina de ampliação. A única definição do humano que me parece incontestável é aquela dada por Jean-Jacques Rousseau: "o homem é um ser perfectível". Em outros termos, ele está condenado a melhorar indefinidamente, porque nasceu inacabado. A neotenia primária do ser humano o obriga a se retirar da inércia da qual podem testemunhar os animais; aquilo que eles são desde o início no nascimento é o que eles serão no momento de morrer.

LA: A definição de Rousseau está ultrapassada; os animais também podem ser melhorados, graças ao progresso das biotecnologias. Estudos recentes nos aproximam do *Planeta dos Macacos* (1963), de Pierre Boulle. Três experimentos, o último dos quais publicado no *Current Biology* em 19 de fevereiro de 2015, possibilitaram aumentar as capacidades intelectuais de ratos ao modificar o seu DNA com segmentos de cromossomos humanos ou injetando neles células cerebrais humanas. As consequências serão vertiginosas. Como impediremos os discípulos de Brigitte Bardot de encomendar um cachorro mais inteligente, mais empático, mais "humano"? Encontrar-se-á sempre lugares acolhedores com relação às demandas por aperfeiçoamento cognitivo dos animais. A sociedade será colocada diante do fato consumado, como ela se encontra hoje ante as crianças que nascem de casais formados por homens por intermédio de mães de aluguel no exterior. Em nome de qual moral impedir que os chimpanzés sejam mais inteligentes no futuro? Uma vez que o respeito e a dignidade do animal são ideias cada vez mais difundidas, como deveremos considerar os animais quando tiverem um QI próximo ao de um ser humano atual?

JMB: O que você desenvolve mostra bem que a "melhoria da espécie", de todas as espécies, se tornou uma obsessão, enquanto ela foi por muito tempo rejeitada como tal pelas sociedades pré-modernas, que preferiam a observação das tradições ou o respeito às transcendências. Mas eu afasto essa resolução voltada ao arcaísmo ou ao conservantismo. Somos modernos. E somos porque continuamos a pensar que amanhã deverá e poderá ser melhor do que hoje. Nesse sentido, a tecnofilia[1] nos é natural, e desafio os luditas[2] e descendentes a sustentar o contrário. O ideal dos amishs e dos Testemunhas de Jeová é um folclore que não resiste à argumentação. Acontece que a expressão "melhoria da espécie" traz em si um outro nome, historicamente comprometido: o da eugenia.

LA: Nós já estamos em um tobogã eugenista sem nos darmos conta. A trissomia 21 (síndrome de Down) está em vias de desaparecer sob nossos olhos: 97% dos trissômicos se "beneficiam" com uma interrupção médica da gravidez. Pouquíssimos pais resistem à pressão social para "erradicar" esse *handicap* mental e eu não faço parte das pessoas que banalizam essa decisão coletiva.

1 Neologismo formado pela aplicação do radical de origem grega "-filia" (amizade, proximidade) à palavra "tecnologia", designa um comportamento de adesão, geralmente acrítica, às inovações tecnológicas. (N. da E.)

2 Ludismo ou Movimento Ludita é o nome dado a um movimento ocorrido na Inglaterra entre os anos de 1811 e 1812, que reuniu alguns trabalhadores das indústrias contrários aos avanços tecnológicos em curso, proporcionados pelo advento da primeira revolução industrial. A denominação do movimento deriva do nome de um suposto trabalhador, Ned Ludd, que teria quebrado as máquinas de seu patrão. Mesmo sem qualquer comprovação, a história serviu de inspiração para vários operários que viam nas máquinas a razão de sua condição de miséria. Hoje em dia, o termo "ludita" (do inglês luddite) identifica toda pessoa que se opõe à industrialização intensa ou a novas tecnologias [...]. Ver trechos de texto "Ludismo", de Emerson Santiago, disponível em: <https://www.infoescola.com/historia/ludismo/>. (N. da E.)

Ora, até o presente, as técnicas genéticas só identificaram um punhado de patologias. Mas o sequenciamento integral do DNA do futuro bebê – isto é, dos três milhões de mensageiros químicos que constituem sua identidade genética – muda radicalmente o dado. É possível realizar, desde já, um diagnóstico genômico completo do embrião a partir de um simples teste de sangue da futura mamãe: não há mais necessidade de utilizar o líquido amniótico para fazer a análise (amniocentese). Um dos últimos obstáculos à generalização do diagnóstico pré-natal – o medo de um aborto espontâneo, que ocorre em 0,5 a 1% dos casos após uma amniocentese – desaparece! Sólidos algoritmos permitem diferenciar as sequências de DNA do futuro bebê e as da mãe. Graças à enorme queda no custo do sequenciamento do DNA, que ficou por volta de três milhões em dez anos, essa técnica irá se generalizar antes de 2025. Milhares de doenças poderão ser descobertas sistematicamente durante a gravidez sem que a criança ou a mãe corram qualquer risco. Quase erradicamos a trissomia 21 em trinta anos, ainda que as pessoas com síndrome de Down sejam doces, tenham uma expectativa de vida normal e não sofram. Por que amanhã não procederíamos do mesmo modo com as outras patologias? Politicamente, como impedir os pais de preferir "belas crianças superdotadas", uma vez que o aborto por conveniência pessoal é livre (na França), qualquer que seja a constituição do embrião, e o aborto por *handicap* intelectual (trissomia 21 em mente) é legal, socialmente aceito e encorajado pelos poderes públicos? Em breve ofereceremos aos pais o sonho de uma criança configurada *à la carte*. Se o diagnóstico pré-natal permite a "eliminação do pior" – suprime-se o feto que apresenta malformações –, o diagnóstico genético pré-implantação representa a "seleção dos melhores" – selecionam-se os embriões obtidos por fecundação *in vitro*. A aceitabilidade pelos pais será elevada desde que os últimos efeitos secundários da fecundação *in vitro* sejam controlados, e será moralmente menos perturbador suprimir embriões em uma proveta do que um feto no ventre.

O retorno do eugenismo é uma bomba política que passa desapercebida e lamento muito por isso.

JMB: É exatamente aí que podemos discutir, entre "modernos" que somos nós dois, mais ou menos conquistados pela causa das tecnologias. Devemos aceitar a obsessão "melhorista" a ponto de prosperar em demasia no sentido do "aprimoramento" reivindicado pelos transumanistas? Qual a diferença entre Jean Rostand exprimindo seu entusiasmo diante da perspectiva de a biologia realizar o sonho dos alquimistas e dos visionários – o sonho de uma transformação do homem – e a euforia de Ray Kurzweil anunciando para breve o advento de um pós-humano que se livraria de nós mesmos e de nossa demasiada modesta perfectibilidade? O que poderia ler o transumanista no livro do biólogo, *Aux Frontières du surhumain* (Nas Fronteiras do Sobre-Humano)? Quem acolheria o biólogo nas profecias formuladas pelo transumanista em *Humanité 2.0: La Bible du changement* (Humanidade 2.0: A Bíblia da Mudança)?

ROSTAND E KURZWEIL

Em *Aux Frontières du surhumain*, o biólogo francês Jean Rostand explica como "a aposta mais audaciosa da história humana: transformar o próprio homem" é "uma metamorfose que pode estar mais próxima do que se pensa". Em *Humanité 2.0: La Bible du changement*, o futurólogo estadunidense Ray Kurzweil descreve com entusiasmo aquilo que ele chama de "a singularidade tecnológica", nascida da convergência entre as biotecnologias, a robótica e a inteligência artificial. Os dois livros manifestam uma mesma confiança nos poderes da técnica, mas no fundo há grandes diferenças: em Rostand, por exemplo, há uma preocupação constante pelo compartilhar dos benefícios da pesquisa científica, enquanto Kurzweil assume um individualismo quase agressivo. Na verdade, os dois não estão falando da mesma coisa: o eugenismo do primeiro não caminha sem uma preocupação com a verdade e a coerência, e o do segundo se preocupa apenas com a eficácia e a ruptura.

J.M.B.

LA: Você fala da *Bíblia*. Ora, a emergência de novas criaturas biológicas ou eletrônicas inteligentes tem consequências religiosas: certos teólogos, como Christopher J. Benek, um pastor da Flórida que defende a possibilidade de um transumanismo cristão, almejam que as máquinas dotadas de inteligência possam receber o batismo se elas expressarem esse desejo. A convergência entre nanotecnologias, biotecnologias, informática e ciências cognitivas (que agrupamos sob a sigla NBIC) coloca questões inéditas que comprometem o futuro da humanidade. O século XXI não será um rio longo e tranquilo!

JMB: Seguramente. Para me preparar em relação a isso, reitero meu apego ao papel humanógeno atribuído à técnica, mas exijo também a preservação da dimensão simbólica, própria à espécie humana. A técnica (a ferramenta) e a linguagem (a palavra) são exatamente identificadas pelos paleoantropólogos e filósofos como aquilo que permite à nossa espécie, e apenas a ela, a pretensão de possuir uma história. Digo e repito: a técnica *e* a linguagem. Platão acentuou esse fato em seu diálogo intitulado *Protágoras*, no momento de concluir sua evocação do mito de Prometeu: se os homens tivessem recebido como viáticos apenas o fogo e o conhecimento das artes e das técnicas, eles não teriam sobrevivido. Sua sociedade teria sido perversa e caótica, minada pela concorrência e pelo egoísmo, e ela se revelaria, no final, inviável. Zeus, ao ter a premonição disso, recorreu a Hermes para dotar a humanidade da arte política, isto é, da linguagem destinada a argumentar, deliberar e determinar as orientações a dar as possibilidades oferecidas pela técnica, e isso tendo em vista uma sociedade harmoniosa, onde o bem-estar ficaria assegurado. Essa posição que adoto, e que não seria a de me alinhar à categoria dos tecnófobos obtusos, é inoportuna em um contexto em que se adora a cifra e o cálculo. A objeção do número contra a reflexão argumentativa é emblemática de uma evolução das tecnociências que afasta as línguas de cultura para manter, na melhor das hipóteses, apenas os signos e codificações que permanecem necessários para eles. A posição que reivindico deverá ao menos permitir escapar da abstração do face a face de um bioconservadorismo e de um tecnoprogressismo.

LA: Mas esse face a face existe efetivamente! Os franceses são ultraconservadores: apenas 13% julgam de modo positivo o aumento do quociente intelectual (QI) das crianças por meio da atuação sobre o feto, enquanto respectivamente 38% e 39% de indianos e de chineses são favoráveis a isso. Entre os jovens chineses, essa porcentagem atinge até mesmo 50%. Os chineses são, de fato, mais permissivos no que concerne a essas tecnologias, e não terão nenhum complexo em aumentar o QI de seus filhos por métodos biotecnológicos. A primeira manipulação genética envolvendo 86 embriões humanos foi, aliás, conduzida por cientistas chineses em abril de 2016, e eles publicaram os seus trabalhos exatamente depois da midiatização de uma petição internacional oposta a esses experimentos!

Os países onde reinará um consenso sobre a elevação cerebral das crianças poderão, quando essas tecnologias chegarem a um ponto bem desenvolvido, obter uma vantagem geopolítica considerável em uma sociedade do conhecimento. O filósofo Nick Bostrom, da Universidade de Oxford, estima que a seleção de embriões após sequenciamento permitirá, em alguns decênios, aumentar em sessenta pontos o QI da população de um país. Ao adicionar a isso a manipulação genética dos embriões, poder-se-á obter uma ampliação ainda mais espetacular. Os países eugenistas rapidamente se tornariam os mestres, senhores, superiores!

JMB: Sinto-me completamente estranho a essa fetichização do QI que me parece de uma outra era. A concepção de inteligência que ela implica é de tal ordem estreita que não se poderia sustentá-la sem arcaísmo. Para mim, o aperfeiçoamento, desejável, da espécie humana não se dá pelo aumento das performances e das faculdades dos indivíduos que você descreveu. A não ser que se queira animalizar ou mecanizar o humano, submetendo-o à medida, ou reduzindo-o aos algoritmos e aos metabolismos com os quais se deleitam a cultura do numérico e seus asseclas dos Gafam: Google, Apple, Facebook, Amazon e Microsoft.

LA: Quer você queira ou não, é exatamente esse Gafam que desenha os contornos da humanidade de amanhã, incluindo-se aí a transformação da noção do próprio homem.

JMB: Você deve imaginar que eu discordo disso. Mas discutir essas razões é precisamente o propósito deste livro.

2

A HUMANIDADE DEVE MUDAR A SUA REPRODUÇÃO?

A Bíblia condenava as mulheres a suportar as dores do parto. Elas as sofreram por milênios. Mas há uma fatalidade nisso? Os progressos das técnicas permitem considerar verdadeiros úteros artificiais, que possibilitarão a incubação *in vitro* de futuros humanos.

LAURENT ALEXANDRE: Vamos partir de uma constatação. Nós, humanos, já mudamos o nosso modo de reprodução. O planejamento familiar revolucionou o estatuto da mulher e a organização da família. E vamos acelerar nesse ponto porque o desejo de um filho perfeito habita a maior parte dos pais e porque a sociedade encoraja a minimização dos riscos obstétricos. A tecnomaternidade se impõe: o parto em domicílio sem segurança e sem anestesia peridural, que pode parecer insensato nos dias de hoje, era norma nos anos de 1930. Selecionar os embriões, eliminar os fetos não conformes, se tornarão cada vez mais etapas clássicas de toda gravidez razoável.

JEAN-MICHEL BESNIER: O horizonte de tudo isso é, com efeito, a ectogênese, ou seja, a incubação do feto fora do corpo da mãe. A ideia parecia até há pouco pertencer à distopia de *Admirável Mundo Novo*, de Aldous Huxley. Mas a ectogênese já é utilizada entre as ovelhas e será operacional entre os humanos em alguns decênios. O biólogo e filósofo francês Henri Atlan evoca 2030 como a data em que esse útero artificial, libertando as mulheres do fardo de carregar os filhos, irá se tornar a norma.

LA: Gostei que você tenha evocado o nome de Henri Atlan, na minha opinião um dos maiores especialistas nessa questão. Atlan defende a ideia de que não há diferença fundamental entre uma incubadora para bebês prematuros e o útero artificial. Isso é importante, pois a sociedade será obrigada a dar direitos suplementares aos homossexuais. O debate sobre o casamento entre pessoas do mesmo sexo foi animado, mas a banalização está a caminho. Em alguns decênios, adquiriram reconhecimento e proteção. Após o casamento, reivindicam-se hoje vários ajustes legais em nome da igualdade de direitos: direito à adoção, acesso às técnicas de procriação medicamente assistida e recursos às mães de aluguel. Será que amanhã será concedido aos homossexuais o direto de se reproduzir? Estou persuadido disso. Por ora, os franceses são obrigados a ir aos Estados Unidos ou à Ásia, ou a um mercado estruturado da fecundação *in vitro* e de barrigas de aluguel. Compram pela internet um óvulo sob medida e alugam um útero por nove meses. As características físicas dos doadores e seu quociente intelectual estão particularmente bem documentados nesses sites. Os pais retornam com um bebê e as autoridades fecham os olhos, após algumas pequenas formalidades administrativas, para a transcrição do estado civil da criança no direito francês. Todavia, a criança é fruto biológico apenas de um dos dois pais, o que pode constituir-se em um dilema para o outro: as mulheres utilizam o esperma de um terceiro enquanto os homens se servem do esperma de um dos dois e do óvulo de uma mulher.

CIBORGUE E FEMINISMO

Do ciborgue, dizem muitas coisas, e todas giram em torno da mesma obsessão: ele irá permitir ultrapassar todas as oposições nas quais desde sempre estivemos presos. O ciborgue escapa com efeito às alternativas, ao integrar os contrários (por exemplo, a vida e a matéria, o masculino e o feminino, o consciente e o automático...). Ultrapassando as oposições, ele nos emancipa. As performances que ele permite são libertas da passividade, que resulta sempre da inércia corporal ou da limitação ligada às oposições naturais. Compreende-se, pois, a fascinação exercida por essa criatura artefatual e o mito que ela carrega; o de uma fusão que colocará um termo nas tensões entre os extremos e que consagrará o fim da história dos humanos. Em minha opinião, é isso que explica os escritos das feministas estadunidenses fascinadas pelos ciborgues, como Donna Haraway, em seu *Manifesto Ciborgue*, que consideram que a emancipação humana passará pela desconstrução das categorias binárias, em que a diferença de gêneros seria o fundamento.

J.M.B.

JMB: Você sabe tanto quanto eu que essas evoluções são contestadas por certos psicólogos, que sustentam que a adoção por casais de mesmo sexo corre o risco de provocar sofrimento psicológico em crianças sujeitas a uma filiação incomum.

LA: Hoje, essa parece ser uma declaração sensata, mas irá se tornar biologicamente falsa. A tecnologia permitirá aos homossexuais ter filhos biologicamente portadores de genes dos dois pais, como ocorre com os casais heterossexuais. A técnica das células-tronco IPS (*Induced Pluripotent Stemcells* ou Células-tronco Pluripotentes Induzidas, células adultas da pele que agora sabemos reprogramar para produzir não importa qual tipo celular) – cujo inventor japonês Shinya Yamanaka foi laureado com o Prêmio Nobel de Medicina em 2012 – permite fabricar espermatozoides e óvulos a partir de fibroblastos, células que se encontram sob a pele. Hoje já é possível fabricar um ratinho a partir de dois pais. A passagem de tais técnicas para a espécie humana é apenas uma questão de tempo, e as associações de proteção dos direitos dos homossexuais militarão para que esse tempo seja breve. O único limite, no momento, é que o descendente de um casal de mulheres só pode ser menina.

JMB: Os transumanistas também se agarraram às recentes descobertas concernentes às células IPS, que você acabou de lembrar, a fim de alimentar sua fantasia da imortalidade: suponhamos que nos seja possível reconduzir nossas células somáticas à condição de células germinativas de onde elas procedem, não apenas poderemos considerar a produção contínua de nossos órgãos para substituir aqueles que já cumpriram o seu tempo, mas também poderemos imaginar o bloqueio do envelhecimento de nossas células, neutralizando o mecanismo da telomerase (uma enzima que encurta os cromossomos), responsável pela degenerescência celular. A obsessão da longevidade e até mesmo da imortalidade é, em todos os casos, desfavorável à causa da reprodução sexuada que necessita da diversificação e não da duplicação, e que precisa, consequentemente, da renovação e da morte para assegurar a vida. Porém, os transumanistas que sonham com a imortalidade não amam a vida e estão prontos para liquidar a reprodução sexuada. Isso não significa que eles considerariam forçosamente privar-se da sexualidade, mas eles a reduziriam de bom grado aos automatismos da pornografia, como sugerem certas páginas de Michel Houellebecq. E, olhando para isso mais de perto, a pornografia associada por eles à cibersexualidade simbolizaria a compulsão de repetição de onde deveria surgir a pequena morte (o orgasmo), supostamente para evitar a grande.

LA: Eu vejo uma outra razão que justifica modificar a reprodução de nossa espécie. A cada geração, mil bases químicas de nosso DNA sobre os 3 bilhões que compõem nossos cromossomos são mal recopiadas pela maquinaria celular, quando da fabricação de espermatozoides e óvulos. Esses defeitos de cópia são os interstícios onde nascem as mudanças. Se a taxa de erro fosse nula, nenhuma evolução das espécies teria sido produzida, e não teríamos nunca deixado de ser bactérias! As mutações negativas foram eliminadas pela seleção natural: os genomas em causa não se transmitiram, culpa do seu proprietário que não atingiu a idade reprodutiva. Ao fazer emergir nosso cérebro, a evolução darwiniana criou, entretanto, as condições de sua própria erradicação: nós mitigamos consideravelmente os rigores da seleção quando nos organizamos numa sociedade humana solidária. A enorme queda da mortalidade infantil é a tradução dessa menor pressão seletiva. Ela atingia cerca de 30% das crianças no século XVII, e hoje está em torno de 0,3%... Muitas das crianças que sobrevivem em nossos dias não teriam atingido a idade reprodutiva em tempos mais severos. A seleção acaba finalmente por suprimir a si própria; particularmente – e mui felizmente – não há mais eliminação de indivíduos que possuem capacidades cognitivas menos favoráveis. A medicina, a cultura e a pedagogia compensarão essa degradação, durante algum tempo. Nosso patrimônio genético, porém, tem a vocação de se degradar continuamente sem a seleção darwiniana. Isso quer dizer que nossos descendentes irão todos se tornar débeis em alguns séculos ou milênios? Não, evidentemente! As biotecnologias irão compensar essas evoluções deletérias.

DECADÊNCIA GENÉTICA

Um artigo publicado na revista científica *Cell* teve o efeito de uma bomba. O autor demonstra que nossas capacidades intelectuais terão uma queda no futuro devido a um acúmulo de mutações desfavoráveis nas zonas de nosso DNA que regulam nossa organização cerebral. De fato, duas tendências contraditórias estão em ação. A primeira é positiva: a miscigenação da espécie humana permite a mistura – portadora de inovações biológicas – de variantes genéticas. A espécie humana é, na realidade, separada há 75.000 anos em diferentes grupos, e cada um deles conheceu variações genéticas. A mistura atual assegura uma miscigenação genética entre os diferentes ramos que estavam separados antes dos transportes modernos. Todavia, as variantes genéticas desfavoráveis se acumulam no genoma humano. Essa acumulação recente já é perceptível: um estudo publicado na revista *Nature*, no fim de novembro de 2012, revela que 80% das variantes genéticas deletérias na espécie humana apareceram a partir de 5.000 a 10.000 anos atrás.

L.A.

JMB: Você evoca a seleção natural. Quero lembrá-lo de que a sexualidade caminha naturalmente de mãos dadas com a morte e que a fantasia da imortalidade, alimentada pelos transumanistas, chama isso de uma eliminação da reprodução sexuada. O médico e antropólogo Jacques Ruffié, em seu livro *Le Sexe et la mort* (O Sexo e a Morte), volta a falar disso: a seleção natural escolheu a sexualidade para os organismos complexos que devem integrar a diversidade a fim de poder se adaptar e se renovar. Agindo dessa forma, ela permitiu que a morte se instalasse. "Nós somos os filhos do sexo e da morte", escreveu. A morte apresenta, do ponto de vista da seleção natural, uma vantagem: "a reprodução sexuada cria sem cessar novos tipos para o patrimônio genético original, mas esses não podem disseminar suas combinações (e, em particular, os mais adaptados) a não ser que os velhos lhes deixem o lugar, que eles próprios abandonarão um dia aos seus descendentes". Os organismos elementares que se reproduzem por cissiparidade são quase imortais. Eles se reproduzem por divisão e regeneração a partir de uma fração deles mesmos. Desde que as condições ambientais sejam estáveis, eles são imortais. Mas, enquanto incapazes de mudar, são privados do progresso evolutivo que nos permitiu ver o dia e prosperar.

LA: Essa ambição de repensar a maneira como se reproduz a espécie humana não tem para mim nada de extravagante. O conhecimento cada vez mais fino de nosso genoma e, em seguida, sua manipulação irão reduzir o fardo genético das novas gerações. Assim, ao contrário de qualquer expectativa, o sequenciamento dos fetos foi aceito pelo Comitê Consultivo Nacional de Ética, em 2014. E mais perturbador ainda é que a modificação genética dos bebês irá se impor progressivamente. A engenharia dos óvulos constitui uma etapa crucial desse processo. Desde 2009, pesquisadores substituíram as mitocôndrias de uma célula-tronco de primata, fato esse que leva a querer fazer o mesmo na espécie humana. As mitocôndrias são bactérias que se introduziram nas células providas de um núcleo há cerca de um bilhão de anos e se tornaram vassalas especializadas na produção energética. Elas dispõem de seu próprio DNA, que pode ser transferido. Algumas possuem em suas células "usinas energéticas" de boa qualidade, outras de má, o que provoca vários tipos de doenças (miopatia, doenças neurodegenerativas, surdez, cegueiras, certas formas de diabetes etc.). Devemos esperar para ver a mesma técnica de substituição mitocondrial aplicada à espécie humana. O Conselho de Bioética Britânico permite sua utilização para excluir as mitocôndrias portadoras de genes ruins, usando as de outra mulher. As mitocôndrias são, com efeito, sempre de origem materna e se encontram no citoplasma do óvulo, enquanto os cromossomos da mãe estão no núcleo desse óvulo. Para se assegurar que as células do futuro bebê são providas de "boas" mitocôndrias, doravante poderemos substituir, por ocasião da fecundação *in vitro*, no óvulo de uma mulher portadora de boas mitocôndrias, o núcleo original por um núcleo de óvulo da "mãe biológica", que possuía mitocôndrias ruins, e depois injetar o espermatozoide do pai para produzir um embrião. O Conselho Britânico acaba de dar sinal verde para essa fabricação de bebês com três pais (duas mamães e um papai). Essa terapêutica relativa à criança tratada vale igualmente para sua descendência se a criança for uma menina, pois as mitocôndrias dos espermatozoides são destruídas no ato da fecundação.

JMB: A perspectiva que você evoca é a da reprodução da humanidade por clonagem. Recentemente proscrita e incriminada como crime contra a espécie humana, ela intimida cada vez menos aqueles que já não hesitam em anunciar que militam justamente por um além do humano: conseguir fabricar a vida, notadamente recorrendo à duplicação dos genomas selecionados após a decodificação. Agora, acabo de lembrar, não desisto de explicar que a reprodução sexuada é um meio seletivo que permitiu a sobrevivência da maioria das espécies animais, mas que também lhe impôs a morte. Porém, mais do que as modalidades de gestação, é o próprio mecanismo da reprodução que conviria aos transumanistas transformar. De fato, as biotecnologias implicadas no programa de convergência tecnológica das NBIC teimam em suprimir a reprodução sexuada, buscando substituir o nascimento do vivente por sua fabricação programada – dito de outro modo, pela clonagem. Para as correntes transumanistas, o nascimento, por ser arriscado, denuncia uma fraqueza do humano que cumpre superar. De bom grado invoco o filme *Gattaca* (Andrew Nicoll, 1997)[1] como um argumento para indicar o desejável em matéria de procriação tecnologizada: se a tecnologia deve nos tornar perfeitos, ela deve, com efeito, suprimir essa parte arriscada do nascimento representada pelo encontro aleatório entre dois gametas, de onde nasce a criança.

LA: Concordo plenamente! Iremos, assim, dar um passo na escala Richter da biotransgressão: até então considerávamos que, se é admissível mudar os genes de um indivíduo, não seria necessário que isso fosse transmissível às gerações ulteriores. Na realidade, não é razoável impor terapias gênicas a cada geração. Os pais irão querer suprimir definitivamente os riscos de ter descendentes com miopatia ou com doença de Huntington. Há um argumento irrefreável: se nossas crianças esquecerem de tratar de sua descendência, a doença fustigará de novo! Acessoriamente, essa terapia gênica irá reprojetar o debate sobre a reprodução entre os casais de mesmo sexo. Essa técnica é, por exemplo, uma etapa na concepção de bebês a partir de dois óvulos sem a utilização de espermatozoides, o que representa um anseio da comunidade lésbica. A biologia progride tão depressa que a sociedade será atropelada por uma avalanche de transgressões biotecnológicas. Eu não quero inquietá-lo, mas os geneticistas estão a ponto de ultrapassar uma etapa ainda mais preocupante, que abre a perspectiva

1 Filme estadunidense distópico, sendo Gattaca um laboratório de manipulação genética *in vitro* para a melhoria do homem. (N. da T.)

de uma redefinição radical de humanidade. George Church é um geneticista brilhante e iconoclasta de Harvard, impregnado de cultura transumanista. Em 2 de junho de 2016, ele detalhou na revista *Science*, com 24 pesquisadores e industriais, o projeto: "Human Genome Project Write", isto é, "Projeto de Escrita do Genoma Humano". Esses líderes da biologia de síntese querem criar, em dez anos, a partir de *tabula rasa*, um genoma humano inteiramente novo que permita gerar células humanas. Essa técnica poderá também permitir a criação de embriões e, portanto, de bebês sem nenhum pai e nenhuma mãe, fato que comoveu inúmeros cientistas e teólogos, mesmo considerando essa perspectiva muito distante. Não se tratará mais de conceber "bebês *à la carte*", mas de criar uma nova Humanidade.

A TÉCNICA PODE CONSERTAR TUDO?

3

A doença e o *handicap* são insuportáveis, ninguém contesta isso. Mas o corpo humano pode ser inteiramente reparado como se fosse uma máquina? Os avanços tecnológicos permitem considerar a questão. Mas não há aí o risco de esquecer a dimensão significante e simbólica que nos torna verdadeiramente humanos?

JEAN-MICHEL BESNIER: Desde a definição de saúde editada pela Organização Mundial da Saúde, em 1946, o bem-estar (individual e coletivo) tornou-se uma obsessão. O médico que outrora tratava tornou-se um técnico encarregado do bem-estar. A saúde não representando mais "o silêncio dos órgãos", mas a própria manifestação desse bem-estar – por definição, ilimitado, da mesma forma que a felicidade –, o espaço de competência do médico ampliou-se e visa, no presente, à manutenção, à produção e ao aumento das performances que testemunharão nossa vitalidade. Trata-se, para ele, de prevenir e reparar as panes das quais nossos organismos poderiam ser vítimas. Pois a doença não é mais do que uma pane, desprovida de qualquer outra significação além da de interrupção de um funcionamento metabólico. Reiniciar a máquina, eis o que o bom médico deve conseguir. E ele será ainda melhor se aproveitar a oportunidade para amplificar a sua potência. Para fazer isso, a ferramenta é decisiva: o arsenal das biotecnologias e das neurociências, da nanomedicina e do estudo e diagnóstico por imagens substitui eficazmente a auscultação, a apalpação e a entrevista clínica, que caracterizam os procedimentos do doutor de antanho.

Desde que se aceite a concepção mecanista do vivente e o léxico da reparação, deve-se consentir em considerar que a técnica se torna todo-poderosa no domínio da saúde (isto é, do bem-estar). Deve-se também, como consequência, aceitar o cenário do homem ampliado, que está presente hoje como uma perspectiva de escolha para uma medicina conectada. O que ilustra essa nova situação, que modifica a percepção da doença e do paciente, é a evicção da parte do simbólico que caracteriza, no entanto, a especificidade do humano, e que o impede de ser reduzido a um simples vivente. Essa parte simbólica consiste no recurso aos signos que nos fazem entrar em diálogo uns com os outros, que exprimem nossa faculdade de nos retirar da imediatidade natural à qual são constrangidos os animais, de nos dissociar dos mecanismos que produzimos... Somos seres dos signos e não simples suportes de sinais, como são os animais e os robôs. A doença possui, para nós, uma significação: ela traduz um modo de estar no mundo, de consentir ou não na vulnerabilidade que está no coração do humano, de nos abrir para novas perspectivas ou de nos encerrarmos em nós mesmos... Ela tem uma importância simbólica e sabemos que até mesmo nos obriga a compor com nossa vida psíquica, que pode orientá-la de maneira inesperada.

Recusar essa redução da doença humana ao exclusivo recurso do funcionamento orgânico, isso não é a mesma coisa, evidentemente, que sustentar que a doença é apenas psicossomática. Para concluir desse modo, só haveria obstinados digitais, incapazes de pensar de outra forma senão de maneira binária: orgânica ou psicossomática, *tertium non datur* (uma terceira coisa ou possibilidade não existe)! Sei muito bem que o psicanalista Groddeck via sintomas histéricos no menor resfriado, mas sei também que há técnicos da saúde incapazes de imaginar a parte exercida pelo mental na resolução de uma doença. Como evitar opor de maneira abstrata o cuidado que exige o diálogo e a reparação que recorre a apenas à ferramenta, ao informal da relação humana que necessita do tempo e do protocolo terapêutico que demanda a reatividade? É absurdo ter de esperar a entrada de um paciente em uma unidade de cuidados paliativos para avaliar os danos humanos que a medicina tecnologizada pode ter provocado nele: explica-se então ao paciente, com efeito, que ali não mais se ocuparão de seu câncer, que não fará mais quimioterapia mas que, em compensação, cuidarão dele, como se a escuta só pudesse ocorrer depois do fracasso da técnica, como se o retorno da relação humana só devesse ser realizado no momento em que o "prognóstico vital" estivesse empenhado e que não houvesse mais nada a fazer pela máquina corporal. A abordagem exclusivamente técnica da doença não cuida do sentimento de solidão do doente. Para isso, é necessário que ela preserve a convicção partilhada pelo senso comum, segundo a qual o humano não é simplesmente um vivente a quem devemos garantir a sobrevida.

LA: Você fala de símbolos, signos. Mas isso não impede que a manipulação tecnológica do homem tenha começado há muito tempo. Isabelle Dinoire, em 2005, foi a beneficiária do primeiro transplante de rosto. Em setembro de 2013, a equipe do professor Jose-Alain Sahel implantou uma retina artificial, Pixion Vision, em uma paciente cega que recobrou, com isso, uma visão parcial. Em maio de 2014, a administração estadunidense autorizou implantes de braços biônicos diretamente conectados nos nervos dos amputados. No mesmo ano, em setembro, uma sueca de 36 anos que nasceu sem útero deu à luz um menino. Ela se beneficiou de um transplante de útero de uma amiga de 61 anos, já na menopausa há vários anos.

JMB: Confiar à técnica a produção do bem-estar, como você defende, manifesta um escoamento do humano em nós: o que fazer da vida interior quando se trata de reparar um órgão em pane? Se o médico não gasta mais tempo para escutar as palavras de sofrimento de seu paciente, se ele se liga mais em decodificar e coletar os dados fornecidos pelos instrumentos que ele dispõe e que a partir de daí o despojam da iniciativa, é porque ele se deixou convencer de que sua arte não é mais uma arte e de que ele deve ceder o lugar ao cálculo e à gestão dos dados (os famosos *big data*). Hoje em dia almejam que a técnica tenha a última palavra, isto é, que ela ponha um fim às palavras que ainda envolvem médico e paciente. A desqualificação sistemática da psicanálise e da abordagem psicológica em geral entre os médicos formados nas tecnologias digitais é significativa: ela não expressa apenas a falta de consideração sobre o impacto psíquico de uma doença orgânica em um paciente cuja normatividade se encontra afetada; ela exprime também o desprezo que se tem por tudo aquilo que não se enquadra em uma lógica computável e em uma avaliação submetida a indicadores objetivos. É a porta aberta à hipocondria

generalizada, caucionada e sustentada pelo uso obsessivo ao qual as tecnologias devem nos constranger para se desenvolver tanto e cada vez mais.

LA: Mas elas se desenvolverão, queira você ou não! As inovações tecnológicas provenientes das NBIC se sucedem cada vez com mais velocidade. Elas são cada vez mais espetaculares e transgressivas, porém as sociedades as aceitam com uma crescente facilidade: a humanidade foi lançada em um tobogã transgressivo. Devemos nos tornar, sem estarmos cientes disso, transumanos, isto é, homens e mulheres tecnologicamente modificados. Até 2050, choques biotecnológicos ainda mais espetaculares vão sacudir a sociedade: regeneração de órgãos por células-tronco, terapias gênicas, implantes cerebrais, técnicas antienvelhecimento, projeto genético de bebê *à la carte*, fabricação de óvulos a partir de células da pele...

JMB: Seguramente, nós viveremos – ou melhor, sobreviveremos – mais tempo. A técnica é, por essência, profética e deve assim permanecer: toda prótese é *a priori* desejável, se ela prolonga um membro que não existe ou mais (quem tem agenesia dental ou não tem algum membro terá a felicidade de se beneficiar com isso), se ela substitui um sentido ou uma faculdade com defeito. E é mesmo interessante evocar o caso desses surdos ou amputados que recusam os adjuvantes proféticos, pelo fato de que impõem a eles estar conformes a uma norma comportamental que lhes é estranha (ser equipado com implantes cocleares em vez de se comunicar por signos numa comunidade de surdos, receber uma prótese sofisticada, amiúde dolorosa de usar, em vez de mobilizar os comportamentos adaptativos que cada corpo pode inventar para si mesmo...). Essa poderia muito bem ser a discutível vocação da técnica em matéria de saúde: se prevalecer do argumento de que ela pode salvar a vida de alguns para querer impor seus formatos a todos, desprezando as idiossincrasias e a elaboração singular, especificamente humana, das condições de sua felicidade.

BIOCONSERVADORES VS. TRANSUMANISTAS

A maioria dentre nós aceitará essa biorrevolução com a finalidade de envelhecer menos, sofrer menos e morrer menos! Mais transumanos que mortos torna-se o nosso lema. O transumanismo, ideologia demiúrgica oriunda do Vale do Silício, que pretende lutar contra o envelhecimento e a morte graças às NBIC, vai de vento em popa. Isso quer dizer que não haverá oposição política ao progresso da medicina? Na verdade, o tabuleiro político se reconfigura segundo um novo eixo. A clivagem esquerda/direita parece ultrapassada no século XXI. Amanhã, a oposição entre bioconservadores e transumanistas poderá estruturar o espaço biopolítico. Nesse novo eixo, reaproximações inesperadas aparecem. Assim, José Bové era até há pouco um militante de extrema esquerda. Na nova ordem biopolítica, ele se encontra, com os católicos integristas, entre os ultrabioconservadores. Ele é resolutamente contra a fecundação *in vitro* para casais heterossexuais estéreis e homossexuais e se opõem às terapias genéticas para o tratamento de doenças genéticas. Ele declarou, em 1º de maio de 2014, no canal de TV católico KTO: "Eu creio que tudo o que é manipulação no vivente, seja ele vegetal, animal e, mais ainda, humano deve ser combatido." Será que José Bové seria mais conservador que Ludivine de La Rochère, a presidente do La Manif Pour Tous[1], favorável a todas essas tecnologias? As NBIC farão implodir os partidos políticos.

L.A.

---

1 Organização política na França responsável pela maioria das grandes manifestações e ações em oposição às leis que permitem o casamento entre pessoas do mesmo sexo e a adoção por casais do mesmo sexo na França. (N. da T.)

AMANHÃ, TODOS CIBORGUES?

4

As novas tecnologias nascidas da convergência entre biologia, informática e ciências da engenharia não se contentam em querer consertar o corpo humano enfermo. Elas se propõem também em melhorá-lo, amplificá-lo, mesmo quando em boa saúde. Mas o que pensar dessa perspectiva de uma nova humanidade, em que os corpos serão indissociáveis de sua aparelhagem técnica?

JEAN-MICHEL BESNIER: Se entendemos por ciborgue o misto de organismo biológico e de dispositivos cibernéticos autorregulados, que qualificou de início o astronauta dos anos de 1960 e sua combinação cheia de sensores, então é provável que estamos em via de nos tornarmos todos ciborgues. O acoplamento do humano com o robô é uma realidade que se impõe, por outro lado, bem cedo. Ele se traduz na possibilidade para o primeiro de funcionar sem ter a necessidade de pensar nisso, graças aos mecanismos próprios do segundo. O portador do marca-passo não tem que se preocupar com o seu coração.

LAURENT ALEXANDRE: Acerca desse tema quero lembrá-lo que o primeiro ciborgue, o paciente com insuficiência cardíaca terminal em quem se implantou, em 18 de dezembro de 2013, o coração artificial concebido pela sociedade Carmat, foi aplaudido por toda a sociedade francesa. Você compreende? Eis exatamente a prova de que há uma aprovação massiva dessas novas tecnologias hibridando homens e máquinas.

JMB: Uma hibridização, talvez, mas que não deve nos deixar esquecer que aquele que utiliza os instrumentos (o paralítico com o seu exoesqueleto, que lhe permite andar; o parkinsoniano com seu estimulador cerebral, que lhe permite controlar os seus tremores etc.) deve submeter-se ao designer dessas ferramentas e adaptar o seu comportamento às propriedades delas. A ferramenta prolonga o corpo e define uma exterioridade com a qual cumpre compor. Ao contrário, a cibernética que investe nos exoesqueletos, nas próteses ou nos implantes tem a vocação de ser sempre mais intrusiva e convida o usuário a se tornar um só corpo ou até mesmo a se fundir com ele. Especula-se sobre os nanorrobôs, que serão capazes de circular em nossos corpos para monitorar a formação de tumores, erradicar o que deve ser erradicado, consertar o DNA de quem precisa... É o sonho de uma imprudência graças à máquina – um sonho que assinalará o ápice do domínio tecnológico.

LA: Um sonho que inquieta até o Vale do Silício! Elon Musk, o fundador do Paypal, Hyperloop, SolarCity, Tesla e do SpaceX, explica que "as inteligências artificiais são potencialmente mais perigosas que as armas nucleares". Elon Musk prevê que seremos os labradores da inteligência artificial (IA): os mais empáticos entre nós, do ponto de vista da IA, se tornarão companheiros domésticos. Para estar à altura dos autômatos, certos dirigentes do Google propõem que nos hibridemos com a IA: tornar-se ciborgue para não ser ultrapassado pela IA! Trata-se de evitar que sejamos (muito) inferiores às máquinas, sob o risco de nos tornarmos seus escravos, como em um cenário da *Matrix*. As tecnologias de ampliação serão o único meio de se ter esperança em conservar certa autonomia. Paradoxalmente, a última ferramenta da humanidade para evitar a sua vassalização seria, portanto, o instrumento de seu suicídio: a fusão com a IA vem a dar, pois, no mesmo que eliminar o Homem 1.0 biológico.

O HUMANO AMPLIADO

A busca tecnológica pelo *enhancement* é contrária ao espírito utópico do Vale do Silício. Ela almeja "a inovação antes de tudo", segundo o slogan encantatório de empreendedores em perpétua busca por crescimento. Essa é a razão pela qual traduzimos a palavra estadunidense *enhancement* por "ampliação" e não por "aperfeiçoamento". O aperfeiçoamento ou o melhoramento do qual falamos impropriamente, tem mais a ver, entre os transumanistas, com o mundo dos veterinários que, de certo, sabe distinguir entre o vivente e a vida humana – entre os metabolismos biológicos e a aspiração ao sentido das coisas. O filósofo alemão Peter Sloterdjick compreendeu isso quando descrevia a produção "antropotécnica" do homem em suas obras *Règles pour le parc humain* (Regras Para o Parque Humano) ou em *La Domestication de l'Être* (A Domesticação do Ser).

J.M.B.

JMB: Para mim, o ciborgue assusta sobretudo porque ele acompanha uma renúncia de si. Pessoas acreditam se tornar autônomas ao confiar às máquinas a tarefa de gerir o que as limitaria (a paralisia, o *handicap*, a cegueira...), e depressa descobrem que, ciborguizados, somos habitados por uma força autônoma (a das próteses autorreguladas) da qual não podemos mais prescindir. A fusão com a máquina se faz sempre em detrimento do humano. Ela exige a negação do biológico que mantém uma margem de indeterminação no seu funcionamento, uma parte aleatória. O ciborgue obedece a programação que resulta do adjuvante tecnológico que o compõe. A rigor, a noção de liberdade não lhe convém mais. A ciborguização está destinada a fazer triunfar a segurança e, nesse aspecto, requer a supressão do acaso que, no entanto, qualifica a vida. As performances que ela torna possível são a atualização de possíveis tecnológicos, mas não devem nada ao livre-arbítrio nem ao treinamento dos humanos que parecem realizá-las. É por essa razão que se coloca a questão de saber em que momento e com que grau a posse de dispositivos cibernéticos faz transformar o humano no não humano?

LA: Quem diz humano diz livre-arbítrio, o que, para um biólogo, coloca o problema do debate sobre o inato e o adquirido. A clarificação desse debate filosófico fundamental é crucial para a coesão social e a criação de valores comuns à humanidade a fim de evitar a vertigem niilista. De um lado, aqueles que pensam que os genes têm uma influência capital sobre nossa personalidade; de outro, aqueles que consideram ser o ambiente que faz os homens. Na realidade, a verdade se situa entre os dois: há variantes genéticas de predisposição a um talento particular, a capacidades cognitivas, mas são os estímulos da vida que irão moldar o indivíduo e desenvolver, ou não, essas capacidades.

Os bioconservadores se apoiam amiúde no argumento do determinismo genético que se supõe tentar deter o *boom* das biotecnologias. Eles colocam, portanto, essas práticas sob a bandeira do não respeito à vida e à espécie humana. Todavia, o sequenciamento do genoma humano nos permite ir bem além dessa distinção simplista. Aprendemos, assim, que há pouquíssimos genes próprios ao homem em nosso DNA. Há, em compensação, muitos pontos comuns entre os genomas dos animais e o nosso. Pode-se concluir que o respeito à espécie humana não tem grande coisa a ver com o fato de não modificar o genoma de um ser humano. Nós partilhamos 98% do genoma de um chimpanzé. Somos também muito próximos dos ratos de laboratório e dos porcos. Não há genes próprios do homem que poderiam servir para transformar um chimpanzé em piloto de avião, um rato em físico nuclear ou um porco em violoncelista...

A genética nos ensinou, pois, que o debate inato/adquirido não tem, na verdade, sentido. Pode ser útil, por razões didáticas ou metodológicas, para diferenciar os dois conceitos, mas, de fato, trata-se de fenômenos inteiramente imbricados. Os genes fornecem as predisposições que se exprimem em porcentagem de chances de desenvolver esta ou aquela característica ou doença. Mas a maior parte dessas predisposições só se exprimem em relação a um dado ambiente. Por "ambiente" entendemos tanto o lugar de vida como também o modo de vida (cigarro, álcool, contato com produtos químicos etc.), a cultura, o ensino, o meio social...

INATO, ADQUIRIDO E IDEOLOGIA

É preciso sublinhar o ridículo niilismo genético de uma parte das elites bem-pensantes. De Proudhon a

Marx, o pensamento do socialismo repousa amplamente sobre a ideia de uma neutralidade da natureza humana e sobre o caráter fundamental da influência ambiental, e vê, pois, com muito maus olhos um grande retorno de uma forma de determinismo biológico. No tempo da URSS de Stálin, centenas de cientistas foram enviados ao Gulag por terem ousado sustentar que uma parte de nosso ser foi biologicamente determinada. O fim dos debates maniqueístas "genes contra sociologia, hereditariedade contra ambiente, DNA contra cultura" é uma notícia muito ruim para os sociólogos! Eles não poderão mais se contentar com grandes voos líricos antibiologia, mas terão de aprender genética e epigenética. A existência de interações permanentes, complexas e bidirecionais entre o gene e o meio ambiente é revolucionária! Entre o DNA e Pierre Bourdieu há a epigenética e muito menos lugar para os anátemas simplificadores. A biologia moderna irá demorar um tempo para fazer a síntese com a sociologia, mas ela vai chegar lá, o que é mais satisfatório do que as batalhas entre genossimplificadores e genonegacionistas. Doravante, a sociologia e a genética irão enriquecer-se mutuamente.

L.A.

JMB: [...] e a tecnologia, sou tentado a acrescentar. Até quando um humano, que acolhe em sua anatomia receptores e biossensores, próteses externas ou invasivas, implantes intradérmicos ou intracerebrais, deverá ser considerado ainda como um humano creditado de seu livre-arbítrio? É a situação descrita pelo filme de José Padilha, *Robocop* (2014). Em relação a ela, a pretensão de Kevin Warwick em ser "o primeiro ciborgue no mundo" é anódina:

esse engenheiro em cibernética implantou em si mesmo *chips* eletrônicos nos braços para emitir, sem ter necessidade de pensar a respeito, comandos sobre seu ambiente por meio de ondas eletromagnéticas. Em conformidade com isso, os tetraplégicos beneficiários de tecnologias experimentadas no Clinatec de Grenoble são potentes concorrentes na caminhada à ciborguização, e isso na medida em que a tradução de seus circuitos sinápticos em comandos sensório-motores não passa pela consciência ou intencionalidade. O que importa, com efeito, para que haja ciborgue é que o papel desempenhado pelo artefato não esteja submetido ao corpo vivente como uma simples ferramenta destinada a prolongá-lo, mas que ele acompanhe a manifestação para realizar performances não naturais. É por isso que "ciborgue" é outro nome para falar do humano ampliado, que não é o humano consertado e/ou prolongado por adjuvantes tecnológicos, mas o humano transfigurado ao qual a engenharia genética irá adicionar faculdades sensoriais ou de competências que não existem na natureza humana (por exemplo, a audição dos morcegos ou a sensibilidade às ondas elétricas do tubarão). Ser um ciborgue é, de todo modo, ultrapassar o formato humano, ao se encontrar acoplado a artefatos (biomiméticos ou puramente maquínicos, máquinas), tendo em vista realizar performances que não mais serão façanhas humanas.

5

É POSSÍVEL FAZER AMOR COM UM ROBÔ?

Ainda mais perturbador: máquinas poderão um dia responder àquilo que temos de mais íntimo; sentimentos e sexualidade. A realidade virtual parece tornar-se indistinguível do real. Mas, afinal, o que desejamos? Um ser imaginado encarnado em uma máquina? Ou aquilo que projetemos de fantasias nessa máquina?

JEAN-MICHEL BESNIER: A questão de saber se é possível a sexualidade com robôs invoca naturalmente uma resposta positiva. A rigor, a sexualidade é possível com não importa qual meio que permita a extinção da tensão resultante de zonas erógenas (de todas as zonas erógenas da qual o organismo é suporte: mucosas genitais, intestinais, anais...). O humano pode, pois, fazer sexo sem problema algum – e, *a fortiori*, explorar a mecânica do robô. Por que dar importância tão especial à cibersexualidade? Porque ela melhora o serviço prestado pelas bonecas infláveis? Em grande parte, mas isso não é suficiente.

LAURENT ALEXANDRE: Em uma vida, muitos seres humanos têm mais relações onanistas do que relações sexuais com um terceiro! Para eles, o amor robotizado combinado com a relação virtual será uma vantagem em comparação à simples masturbação. Para que o robô-sexo se generalize, é preciso que ele se torne inteligente, o que vai levar muitos decênios. Do contrário, se tratará apenas de um brinquedo sexual sofisticado.

A SEXUALIDADE SEGUNDO FREUD

A sexualidade é polimorfa, sobretudo se a definirmos como a satisfação de uma pulsão que, por definição, mantém um estado de tensão somática dolorosa. A perversão polimorfa de crianças é, como se sabe desde Freud, o inconveniente que resulta da não disposição nelas da genitalidade para suprimir esse estado de tensão, pelo meio considerado como "normal" numa sociedade policiada, a saber, o coito. Freud, assim, nos permitiu justificar a dissociação da sexualidade e da reprodução, que constitui uma evidência nas sociedades modernas e não afetadas de puritanismo. A normalidade que ele ajudou a definir terá consistido apenas na ideia de que a sexualidade focaliza a fonte da pulsão e sua satisfação no órgão genital – e que, sob esse olhar, quer a pessoa seja hétero ou homo, permanece na via traçada pela natureza. A perversão é, no final das contas, um arcaísmo psíquico que comemora, na idade adulta, as manifestações totais da libido – arcaísmo socialmente repreensível e eventualmente perigoso.

J.M.B.

JMB: Mesmo quando ele não é um androide, o robô não é uma máquina como qualquer outra. Ele é móvel, e dá a impressão de uma autonomia. Como tal, desperta ilusões animistas. Tem-se a impressão de que ele delineia um ponto de vista sobre o mundo e que, a esse respeito, pode dialogar conosco. Pelo menos – mais ainda, quando tem a forma humana – como um animal doméstico com o qual a gente se exprime e se explica também. O robô é, pois, aproximadamente, um animal como os outros e, portanto, um ser muito próximo de nós, que somos igualmente considerados "animais como os outros". Enquanto ser admissível no diálogo, não há razão para que ele não possa intervir na sexualidade – como os próprios animais. Se for dotado de comodidades funcionais que lhe permitam acolher e aliviar a excitação pulsional, ele se torna um parceiro sexual ideal. E é isso que se ouve dizer às vezes: o robô substituirá muito bem o parceiro que pode sempre se recusar ("Ah! Que enxaqueca! Essa noite não, querido!"), que não responde a todas as nossas expectativas e que muitas vezes se sente intimidado pela expressão do prazer. Podemos, pois, pagar o luxo de uma máquina que dispense eventualmente as palavras do amor (como no filme *ELA*, de Spike Jonze, de 2013), do abandono e da fantasia – e isso sem a culpabilização que pode atenuar o prazer no próprio pervertido. A sexualidade, promovida há muito tempo como objeto de consumo e sujeita ao marketing mantido pela pornografia, obterá a sua saída mais inexaurível, em um contexto no qual, já, a libido inter-humana se esvai, como constatam os estudiosos em vícios que procuram resolver os efeitos da frequentação compulsiva de jovens que visitam sites pornôs.

LA: Você tem razão em se lembrar de *Ela*. O verdadeiro cibersexo passa pelo cruzamento entre robótica, inteligência artificial, neurociências e realidade virtual como o capacete de realidade virtual Oculus do Facebook (que permite ver uma realidade virtual como se ela fosse real). Em alguns decênios, será possível cair de amores por um robô como no filme *Ela*.

JMB: A cibersexualidade que esse filme evoca, torna flagrante a dessimbolização que acompanha o aumento da potência das máquinas em detrimento do humano. Ela assegura que o que era o desejo se reduz doravante à necessidade. Desejo, a sexualidade era isso enquanto envolvesse homens e mulheres na relação amorosa e em seus rituais de abordagem e sedução, enquanto aparecia como inscrita em uma aventura infinita (todo desejo é indefinidamente desejo de desejo). Necessidade, a sexualidade substitui uma falta existencial que nos leva uns em direção aos outros, o buraco que reclama por ser preenchido (toda necessidade se extingue com a satisfação antes de reaparecer idêntica a si própria, ciclicamente, como todo processo animal). Diante dessa dessimbolização e animalização (a necessidade substitui o desejo), objetar-se-á que será sempre possível aperfeiçoar o robô para dotá-lo de propriedades e disposições técnicas suscetíveis de simular as posturas do amor. O robô será mais do que uma máquina para (se) masturbar e com ele penetraremos nesse vale estranho que desperta a ambivalência dos sentimentos. Tudo isso é concebível, evidentemente, e já seduz os depressivos, que são os transumanistas, os quais deveriam, de todo modo, conceder cada vez menos importância às pulsões biológicas do que à fusão com as máquinas com que eles sonham fará silenciar. Se o futuro está no não biológico, a sexualidade transitará, sem dúvida, pelo

robô, mas ela desaparecerá ao mesmo título que a morte, da qual ela é indissociável. A utopia pós-humana, se ela consagra a imortalidade, só pode querer acabar com a sexualidade sob todas as suas formas.

LA: Constato, em todo caso, que parece bem distante o tempo em que Jeannete Vermeersch-Thorez, grande dirigente do Partido Comunista Francês, declarava, a fim de se opor à pílula anticoncepcional: "Desde quando as mulheres trabalhadoras reclamariam o direito de aceder aos vícios da burguesia? Jamais!" A experiência mostra que a velocidade de passagem do "proibido" ao "tolerado" e depois ao "permitido" e até ao "obrigatório" depende essencialmente do ritmo das descobertas científicas, quaisquer que sejam as questões éticas levantadas. E essa observação vale também para a sexualidade.

6

É DESEJÁVEL VIVER MIL ANOS?

Essa é, sem dúvida, a mais perturbadora das promessas dos transumanistas: eutanasiar a morte, e viver mil anos. O Google também está convencido disso: a análise dos dados genéticos individuais, unido os progressos da medicina regenerativa, permitirão a vida sem fim. Mas para quê? E com que prazer?

LAURENT ALEXANDRE: A revolução biotecnológica poderá permitir o impensável ao acelerar a erosão da morte. O recuo da morte não data de ontem. A esperança de vida, hoje, mais que triplicou: na França, ela passou de 25 anos em 1750 para oitenta anos, e cresce, doravante, três meses por ano. Quando envelhecemos um ano, nós nos aproximamos de nossa morte apena nove meses! Há evidentemente um muro biológico natural: a idade atingida por Jeanne Calment (122 anos, 5 meses e 14 dias) parece constituir um limite. Ultrapassá-la supõe modificar nossa natureza humana por meio de intervenções tecnológicas complexas, utilizando o poder das NBIC. A dimensão revolucionária das nanotecnologias deve-se ao fato de que a própria vida opera na escala do nanômetro, isto é, do bilionésimo de metro. A fusão entre a biologia e as nanotecnologias irá transformar o médico em engenheiro do vivente e lhe dará, pouco a pouco, um poder fantástico sobre nossa natureza biológica, em que a bricolagem parece sem limites. Daqui até 2035, a engenharia do vivente – terapias genéticas, células-tronco, órgãos artificiais – vai, com certeza, revolucionar o sistema de saúde. Ulteriormente, a nanomedicina, a manipulação (arriscadíssima) da telomerase – uma enzima que previne o desgaste dos cromossomos – bem como a modificação da composição do soro irão acelerar, sem dúvida, o recuo da morte.

JEAN-MICHEL BESNIER: É verdade que as receitas da imortalidade são cada vez mais divulgadas ao público: o domínio dos mecanismos da telomerase para conjurar o envelhecimento, o recurso às células-tronco pluripotentes induzidas (IPS) para fabricar sob demanda e substituir órgãos desgastados, o *download* do cérebro em materiais inalteráveis para tornar a consciência eterna... Na lista do arsenal de promessas trazidas pelos transumanistas, esses meios de produzir uma longevidade cujos anos não mais serão contados figuram nos primeiros lugares. Vejo aí um forte símbolo de nossa época: banalizamos de tal modo a morte, e a ligamos de tal modo a uma pane que a medicina deverá reparar, que somos conduzidos a nos colocar a questão da desejabilidade de seu contrário: é desejável ser imortal, ou, em todo caso, indefinidamente vivente? Você estaria errado se ignorasse que essa questão é colocada. De onde vem de fato a constatação de que as fantasias da imortalidade não fazem sonhar, de que o imaginário apenas as extrapola muito pouco e que sua evocação suscita até reações de recusa (julgadas tipicamente bioconservadoras pelos transumanistas): "A imortalidade? Não, não para mim!" Ouço isso muitas vezes. Se quase todos concordamos em não desejar o desaparecimento dos seres que amamos, não somos necessariamente tentados a querer sobreviver, nós próprios, a qualquer preço. Pois é exatamente disso que se trata: sobreviver. E a gente se coloca ao menos uma pergunta prévia: a longevidade será acompanhada de condições que tornarão a vida mais desejável? Que vida vale a pena, portanto, ser vivida sem limites? Se posso esperar viver 85 anos enquanto já tenho 65, é inevitável que eu queira esperar ganhar vinte ou trinta anos a mais? E mais: é necessário que eu odeie a morte?

LA: É possível que já tenha nascido a primeira pessoa que viverá mil anos! Isso parece absurdo. Parece vir da má ficção científica ou de uma tese de inspiração sectária. No entanto, trata-se de uma convicção no Vale do Silício, notadamente entre os dirigentes da Google: o futurólogo Ray Kurzweil, engenheiro chefe da firma californiana, encontra-se na vanguarda da ideologia transumanista que visa "eutanasiar a morte", segundo a sua expressão. Uma criança que nasceu em 2016 só terá 85 anos no início do século XXII e se beneficiará de todas inovações biotecnológicas – previsíveis e imprevisíveis – do século em curso. Ela já terá, provavelmente, uma esperança de vida nitidamente mais longa... e poderá atingir 2150 e ter acesso a novas ondas de inovações biotecnológicas e, talvez, pouco a pouco, atingir mil anos. A demanda de viver mais tempo é insaciável. Contudo, o preço a pagar para aumentar muito nossa esperança de vida será grande.

JMB: Concordo plenamente. Eu não vou retomar os argumentos desgastados dos sábios de sempre: "filosofar é aprender a morrer; mais vale viver intensamente do que viver muito; é preciso saber deixar a cena com estilo..." Esses argumentos dificilmente se sustentam, admito, ante a perspectiva da morte daqueles que a gente ama. Mas diante das promessas engendradas pelas NBIC e formuladas, como você acabou de fazer, sob a forma, "alguns de vocês já podem esperar mil anos", as objeções são abundantes.

Se eu viver mil anos e as pessoas ao meu redor ainda morrerem com 150 anos, que solidão não irei sentir? A desaparição continuada dos meus contemporâneos será uma dor sem fim. E depois, se aceito sobreviver a esse desastre afetivo, corro um forte risco de que o tédio venha a me devastar. Semelhante ao herói de Michel Houellebecq em seu romance *A Possibilidade de uma Ilha*, eu encadearia sem interesse os mesmos episódios da existência de clones repetidos... De súbito, posso lançar um novo olhar sobre a minha condição de mortal e dizer a mim mesmo que ela é, no fundo, um privilégio: um privilégio que os gregos identificavam por oposição à condição dos deuses e dos animais – esses animais que não sabem que vão morrer e que podem se crer imortais ao reintegrar à sua espécie no momento em que eles desaparecem a título de um simples exemplar dessa espécie, submetido ao ciclo incessante da vida e da morte. Considerando essa inerte amortalidade – condição de nunca ter morrido e ser incapaz de morrer –, quais são os privilégios ligados a uma existência limitada no tempo? Eles condicionam o sentimento de uma liberdade que pode ser, evidentemente, vivida na angústia (porque o acaso associado à indeterminação do tempo é gerador de ansiedade), mas que pode também ser uma incitação para sobrepujar seu destino de mortal (completar obras marcantes, explorações heroicas ou, mais sobriamente, uma vida decente). Intuitivamente sabemos que uma vida digna supõe anuência com seu fim e não o frenesi para durar sem outra preocupação que a própria duração. Supomos que a promessa de uma longevidade sem limite é aquela de uma animalidade (tornaremos perene o seu metabolismo) ou aquela de uma robotização (você será inoxidável), mas não aquela de uma vida edificante (você poderá ler todos os livros, instruir a juventude e construir a cidade ideal). Diante da fantasia da imortalidade, compreendemos que só a morte dá um sentido humano à vida e lamentamos aqueles que aprovam o absurdo de uma sobrevida abstrata, eliminando-a.

LA: Você fala em fantasia da imortalidade. Penso que não se trata de uma fantasia, mas de uma possibilidade real. A entrada do Google na luta contra a morte tornou crível a perspectiva da imortalidade. Em 18 de setembro de 2013, o Google anunciou a criação de Calico, sociedade cujo objetivo é prolongar significativamente a duração da vida humana. Grandes ambições nutrem essa filial do Google, que pondera, no médio prazo – de dez a vinte anos –, explorar as vias tecnológicas inovadoras para retardar e depois "matar" a morte. O nascimento de Calico é cheio de consequências para o mundo da saúde. Se o Google investe na luta contra o envelhecimento, é também porque a medicina depende cada vez mais das tecnologias da informação. Compreender nosso funcionamento biológico supõe a manipulação de imensas quantidades de dados: o sequenciamento do DNA de um indivíduo representa, por exemplo, 10 trilhões de informações. O Google pensa ser capaz de domesticar esse dilúvio de dados indispensáveis para lutar de modo personalizado contra a doença. Acontece que essa aceleração das ciências da vida é portadora de interrogações filosóficas e políticas vertiginosas. Até onde podemos modificar nossa natureza biológica, nosso DNA, para fazer a morte recuar? Será que é preciso seguir os transumanistas que defendem uma modificação ilimitada do homem para combater a morte?

INATO, MAS IMUTÁVEL

A carga genética é usualmente considerada como imutável. A natureza profunda de um indivíduo seria, pois, associada ao seu perfil genético. Essa ideia, entretanto, é um atalho enganoso. Pensar que poderemos conhecer a vida de qualquer pessoa ao observar seus genes, é como querer prever os futuros acidentes de um carro ao vê-lo sair da linha de montagem! A personalidade do motorista, o tipo de estradas que ele seguirá, os carros com os quais cruzará decidirão um acidente que ele poderá vir a ter tanto quanto as características técnicas do automóvel. O ambiente familiar e afetivo molda um indivíduo mais seguramente que seu patrimônio genético. Se Gandhi tivesse crescido no mesmo contexto que Pol Pot, talvez ele tivesse sido tão ruim quanto o ditador, e inversamente.

L.A.

JMB: A obstinação em querer acabar com a morte a qualquer preço tem algo de lastimável. Procede de uma atitude quase bárbara: esquecemos que é à morte que devemos todas as manifestações da vida simbólica que elaboram a cultura (que obras de arte – pinturas, músicas, literaturas... – se a morte não existisse mais?) e a vida coletiva (que necessidade de estarmos juntos se nos tornamos autossuficientes como imortais?). A imortalidade equivaleria à morte do desejo, porque as razões de sofrer a falta do outro e de aspirar ao absoluto de uma união com ele seriam incongruentes: só há desejo porque há o tempo que o exacerba e o pressentimento de uma eternidade para suprimir sua tensão. Isso é o que, depois de Platão, identificamos como a natureza profundamente erótica do humano. Associando a imortalidade à supressão da reprodução sexuada em proveito da clonagem (isto é, da duplicação do mesmo), o transumanismo revela seu desprezo pela dimensão simbólica da existência do ser desejante. A fusão com a máquina é a versão mais brutal do cinismo, que consiste em suprimir no humano todos os recursos que lhe permitiram crescer ("tudo que não me mata me faz crescer", como diz Nietzsche) e amar (a consciência do efêmero está na base de toda abertura tanto ao outro como a si próprio). A perspectiva da imortalidade, ou mesmo apenas de uma longevidade ilimitada, nos impele a amar a morte que, sozinha, faz a vida humana. Nós somos feitos desse paradoxo, mas somos humanos justamente porque somos paradoxais – e o somos, porque somos seres de linguagem –, o que os transumanos negligenciam, eles que querem às vezes suprimir o intercâmbio por meio da palavra falada em proveito de uma telepatia que faria advir uma vida coletiva tão regrada quanto a das abelhas e das formigas (o intercâmbio mecânico de sinais mais que o diálogo que mobiliza a aventura dos signos). Decididamente, não! Ninguém pode querer viver séculos, salvo se resolver não ser mais que um animal derrisório e patético.

O TRANSUMANISMO É UM EUGENISMO?

7

Um espectro plana sobre o movimento transumanista: o do eugenismo, esse melhoramento deliberado da espécie humana por meio da eliminação dos mais fracos que permanece associado aos piores crimes do nazismo. Mas o transumanismo pretende propor às vezes uma versão humanista do eugenismo, centrado na melhoria de cada indivíduo.

JEAN-MICHEL BESNIER: À questão colocada por este capítulo, a resposta é seguramente positiva: o transumanismo consagra a banalização da ambição de melhorar a espécie humana, graças às NBIC. Essa banalização, bastante real entre nossos contemporâneos obsedados em evitar "o inconveniente de ter nascido", para retomar um título de Emil Cioram, sugeriu ao filósofo alemão Jürgen Habermas uma expressão que exprime o essencial: "o eugenismo liberal". Isto é, a reivindicação dos benefícios associados às biotecnologias na medida em que elas devem ser oferecidas ao consumo daqueles que terão os meios e que poderão, pois, ser "ampliados". A bem da verdade, o transumanismo se inscreve na linha das promessas formuladas desde a aurora da modernidade. Poderíamos chamá-lo de cartesiano, uma vez que promete – tal como Descartes – que, com a medicina, poderemos viver ao menos cem anos (e muito mais, naturalmente). Ele retoma a profecia de Condorcet no século XVIII, que imaginava que poderíamos acabar com a morte, graças aos progressos científicos. Ele dá continuidade à expectativa formulada por Francis Galton, o grande defensor do eugenismo, no início do século XX: melhorar o humano, graças à biologia, a fim de que ele fique à altura das máquinas que constrói. Ele está dentro do mesmo espírito de Jean Rostand, ao exprimir seu otimismo em *Aux frontières du surhumain*, livro que já citei no primeiro capítulo de nossas exposição, o qual denota de modo fortemente humanista todas as esperanças que podemos pôr na biologia, essa conquista da humanidade, para nos desembaraçar das enfermidades inatas que são as nossas... Em suma, o transumanismo pode invocar as melhores cauções para justificar o desejo de substituir o nascimento pela fabricação, para nos livrar de doenças e da velhice ou para dar um "impulso" intelectual.

LAURENT ALEXANDRE: Quero lembrá-lo de que o termo "transumanismo" foi inventado em 1957 por Julian Huxley, irmão de Aldous, o autor de *Admirável Mundo Novo*. Antes da guerra ele era um eugenista de esquerda, persuadido de que a manipulação biológica permitiria elevar a condição da classe trabalhadora. Com a Shoá, o termo eugenista tornou-se sulfuroso e ele inventou esse neologismo! Os transumanistas defendem uma visão radical dos direitos humanos. Para eles, um cidadão é um ser autônomo que não pertence a ninguém exceto a ele próprio, e que decide sozinho acerca das modificações que deseja introduzir em seu cérebro, em seu DNA ou em seu corpo ao longo dos avanços da ciência. Eles consideram que a doença e o envelhecimento não são uma fatalidade. A domesticação da vida para aumentar nossas capacidades é o objetivo central dos transumanistas. Segundo eles, a humanidade não deveria ter nenhum escrúpulo em utilizar todas as possibilidades de transformação ofertadas pela ciência. Trata-se de fazer do homem um terreno de experimentação para as tecnologias NBIC: um ser em perpétua evolução, dia após dia perfectível e modificável por si mesmo. O homem do futuro seria assim como um *site* da *web*, nunca uma "versão beta", isto é, um organismo protótipo, votado a se aperfeiçoar continuamente. Essa visão poderia parecer ingênua. Na realidade, um *lobby* transumanista já está em ação, que prega a adoção entusiástica das NBIC para mudar a humanidade. Esse lobby é particularmente poderoso nas costas do Pacífico, da Califórnia à China e à Coreia do Sul, nas proximidades das indústrias de NBIC, que se tornaram o coração da economia mundial. A infiltração dos transumanistas é impressionante: a Nasa e a Arpanet, antiga internet militar estadunidense, estiveram na vanguarda da luta transumanistas. Hoje, é o Google que conduz a dança, e nos promete nos levar em direção a uma civilização transumanista cujo objetivo é nos aumentar, desenvolver a inteligência em silício e "matar" a morte.

GOOGLE E A SINGULARIDADE

O Google se tornou um dos principais arquitetos da revolução NBIC e defende ativamente o transumanismo ao apadrinhar a Singularity University, que forma os especialistas das NBIC. O termo *singularity* designa o momento em que o espírito humano será ultrapassado pela inteligência artificial, que julgam deverá crescer exponencialmente a partir dos anos 2045. Ray Kurzweil, o "papa" do transumanismo, dirige essa universidade. Esse especialista em inteligência artificial está convencido de que as NBIC permitirão que a morte recue de modo espetacular a partir do século XXI. Ele foi contratado pelo Google como engenheiro-chefe para fazer do mecanismo de busca a primeira inteligência artificial da história. O Google se interessa igualmente pelo sequenciamento do DNA através de sua filial 23andMe, dirigida pela ex-esposa de Sergei Brin, o cofundador do Google. Sergei Brin descobriu que tinha forte possibilidade de desenvolver a doença de Parkinson – uma vez que é portador da mutação do gene LRRK2 – ao fazer a análise de seu DNA na sua filial. Motivo para acentuar o seu interesse pelas NBIC!

L.A.

JMB: Quem poderia, em termos absolutos, ser contra o projeto de matar a morte? Mas por trás desse projeto, na minha opinião insensato, como já discutimos, há sempre uma forma ou outra de eugenismo. Uma delas encarna mesmo valores humanistas (afastar-se de nossa natureza animal e atingir os ideais pela glória do espírito). Um transumanismo mínimo, até mesmo idealista, o ilustra sem que eu encontre aí muito para objetar. Assim, a postura da AFT (Associação Francesa Transumanista) se reconhece aí fundamentalmente e até corrige a objeção implícita na expressão "eugenismo liberal", que induz, como uma fatalidade, a desigualdade de acesso aos benefícios da biotecnologia: as NBIC poderiam, defende a associação, servir aos ideais de igualdade oferecendo a todos a possibilidade de uma longevidade prolongada. Quem não iria querer isso? Mas sabemos muito bem que o transumanismo, na sua forma mais conhecida, não para por aí, e que ele pode mesmo assumir a carga sulfurosa que pesa sobre o eugenismo desde a Segunda Guerra Mundial. Pois o eugenismo dito "negativo" (que consiste em retificar os *handicaps* e fazer nascer indivíduos viáveis e dotados dos trunfos comuns à espécie) não é suficiente aos olhos da maior parte dos transumanistas radicais, que se engajam na vertente de um eugenismo dito "positivo" (que consiste em fabricar o humano segundo modelos e formatos inéditos e que deverão ser a norma). O argumento para se decidir a seguir esse segundo eugenismo é cada vez melhor aceito: ele pretende que controlemos tecnicamente cada vez mais a seleção natural, por exemplo, implantando os meios de evitar a grande mortalidade infantil de outrora. De modo que os humanos que nascem sem obstáculos expõem a espécie à degradação, permitindo que mais e mais débeis sobrevivam. Cumpre, pois, nos precavermos contra os efeitos julgados perversos do nosso domínio sobre o vivente e, para fazer isso, decidir por fazer nascer o que queremos (seres bem formados e selecionados, sem cromossomo 21, sem miopatia, mas igualmente sem lábio leporino, a exemplo do que era afetado o filósofo alemão Jürgen Habermas, por exemplo).

LA: Você lembra com razão da trissomia 21. Para mim é o melhor exemplo, que citei desde o início da nossa conversa a fim de provar que estamos em um tobogã eugenista sem nos darmos conta disso. E escorregamos por ele sem qualquer debate filosófico nem político. Alguns pais já abortam seus bebês que apresentam uma mutação dos genes BRCA1 e 2, que indicam forte probabilidade (70% e 40%) de desenvolver na idade adulta um câncer do seio ou dos ovários. Independentemente de qualquer consideração moral, essa escolha é irracional: é bastante provável que o câncer do seio já estará controlado em 2040 ou 2050 quando a criança manifestará a doença. Outro exemplo, a mutação do gene LLRK2 causa dois em cada três riscos de desenvolver a doença de Parkinson, que raramente começa antes dos quarenta anos. Uma criança testada para essa mutação em 2015 não ficaria doente antes de 2055. A decisão de interromper uma gravidez deve ser tomada não em função da gravidade da doença em 2017, mas em função da época em que a doença atingirá a criança. Eis médicos e pais diante de uma aposta tecnológica: como irá evoluir o tratamento das patologias nos decênios por vir? Essa ou aquela doença ainda será mortal em 2030, 2040 ou 2060? Nenhuma estrutura médica dominará a prospectiva em tão longo prazo, e o corpo médico nunca pensou sobre isso. Contudo, é crucial formar médicos em prospectiva tecnológica, ou então aceitar os abortos de numerosos bebês que, graças ao progresso da medicina, poderiam facilmente ser tratados no futuro.

JMB: Antes de tudo, o eugenismo não se contenta mais em suprimir *in utero*. Seria necessário, de acordo com seus adeptos, explorar as nossas aptidões de corrigir a seleção natural e intervir para que os humanos a nascer estejam dotados do melhor material genético e dos aperfeiçoamentos que poderemos introduzir no seu genoma. O produto do eugenismo positivo – que poderia resultar naturalmente da clonagem reprodutiva e assim pôr um fim no acaso da hibridação resultante da reprodução sexuada – tornaria inútil, a longo prazo, o eugenismo negativo, uma vez que o humano perfeito viria a se tornar dominante na luta pela existência, isto é, ele reuniria todas as vantagens seletivas.

LA: É exatamente por isso que o sequenciamento do DNA do futuro bebê é revolucionário. Pois, a partir de 2030, as terapias gênicas nos permitirão corrigir mutações genéticas que ameaçam nosso funcionamento cerebral. O fim da seleção darwiniana irá nos impelir a praticar uma engenharia genética de nosso cérebro que poderá revolucionar nosso futuro. E vamos ainda mais longe: desde a prevenção do pior até a seleção da criança, estamos apenas a um passo do que será alegremente franqueado. O retorno do eugenismo é uma bomba política que passa desapercebida. Por tabela, a morte da procriação por via sexual é provável visto que a seleção e a manipulação dos embriões supõem uma fecundação *in vitro*.

JMB: Uma bomba política, sem dúvida alguma. A vontade de acabar com o acaso é o fermento de todos os totalitarismos. Vontade de fazer advir e impor um homem novo, que apresente as disposições que o tornem maleável, dócil e previsível. Vontade de interditar a história que comporta forçosamente as eventualidades ligadas ao fato da finitude e da liberdade. Vontade de realizar uma suposta perfeição que interdite o próprio tempo de produzir o novo. É bom lembrar a forma autoritária (e não liberal) que o eugenismo assumiu nas fantasias de certas sociedades (nem sempre explicitamente tentadas pelo totalitarismo), como a dos Estados Unidos da América ou da Suécia no século XX, os transumanistas não se permitem deter: se possuímos os meios biotecnológicos de fabricar os humanos, é preciso que sejam implementados, sustentam eles, a fim de evitar a inconveniência que se atribui a toda vida, a saber, a aventura e a liberdade – o que François Jacob, Prêmio Nobel de Fisiologia e de Medicina em 1965, chamou, para se divertir com isso, de "bricolagem dos possíveis".

8

A INTELIGÊNCIA ARTIFICIAL IRÁ MATAR O HOMEM?

E se o homem for, daqui a alguns decênios, ultrapassado pelo poder dos instrumentos que ele inventou? É a isso que os partidários do transumanismo chamam de "a singularidade". Como se preparar para isso? Como se opor a isso? E o que restará então ao ser humano em matéria de inteligência?

JEAN-MICHEL BESNIER: Em uma carta aberta tornada pública em 27 de julho de 2015, mais de mil eminentes signatários (entre os quais o industrial Elon Musk, o linguista Noam Chomsky, o astrofísico Stephen Hawking, o fundador da Microsoft Bill Gates...) anunciavam que a inteligência artificial (IA) iria causar sérios problemas para a humanidade. Alguns meses antes, Hawking havia escrito que "o desenvolvimento de uma inteligência artificial completa pode significar o fim da espécie humana". Por trás da ênfase do assunto, foi possível detectar a profecia de Ray Kurzweil, que você cita quase o tempo todo: em 2045, uma inteligência não biológica tornará obsoleta a nossa inteligência humana. Mas a carta em questão destacou apenas o risco militar incorrido pelo desenvolvimento de armas autônomas capazes de "selecionar e combater alvos sem intervenção humana". O eco que lhe é dado vai mais longe e se refere a um "risco existencial" mais deletério: a IA está em vias de matar o humano em nós, em vias de nos desapossar de nossa vocação de decidir o nosso destino. Em suma, as máquinas ficaram sob suspeita de que poderão fazer cair sobre nós um perigo equivalente, pelo menos, àquilo que representa o perigo nuclear, mas que abrange mais fundamentalmente uma "desmoralização". Na realidade elas estão associadas, no espírito do público, à perspectiva de que perdemos a iniciativa de nossa existência e, portanto, que nos vemos relegados à condição de chipanzés. Na realidade, a ameaça vem se formando há muito tempo: desde a revolução industrial, a máquina aparece como responsável pelo sentimento de impotência que os humanos experimentam cada vez mais. Ela é um fator de autodepreciação, a causa dessa "vergonha prometeica de ser você mesmo" descrita pelo filósofo austríaco Günther Anders. Mas, como se as manufaturas e os autômatos de todo gênero não bastassem, a máquina, hoje, parece ter açambarcado a inteligência, e os jogos estão encerrados: ela irá nos substituir naquilo que temos de mais específico, de mais gratificante e, por conseguinte, ela nos condena a desaparecer progressivamente (e não de modo brutal, se ao menos evitarmos que ela dirija sobre nós seu potencial de destruição militar). Toda questão "existencial" é a de saber de onde provém o fato de que ela parece nos ter roubado a nossa inteligência e que não podemos nem imaginar em contestar o seu poder.

UMA BREVE HISTÓRIA DA INTELIGÊNCIA ARTIFICIAL

Os cientistas do pós-guerra possuíam duas convicções: a inteligência artificial (IA) capaz de consciência de si própria estava ao alcance da mão, e ela era indispensável para realizar tarefas complexas. Tratava-se, entretanto, de um duplo erro. As bases da IA foram colocadas pelo matemático britânico Alan Turing desde 1940, mas a pesquisa só decolou efetivamente após a conferência no Dartmouth College, nos Estados Unidos, durante verão de 1956. Os cientistas ali presentes estavam convencidos de que era eminente o surgimento de cérebros eletrônicos igualados aos dos homens. Muitos dos fundadores da disciplina estavam presentes: Marvin Minsky, John McCarthy, Claude Shannon e Nathan Rochester. Eles acreditavam que algumas milhares de linhas de códigos de informática, alguns milhões de dólares e vinte anos de trabalho iriam permitir igualar o cérebro humano, que era compreendido como um computador bastante simples. A desilusão foi enorme: os computadores de 1975 se tornaram primitivos. Os pesquisadores se deram conta de que um programa inteligente necessitaria de microprocessadores muito mais potentes que os de sua época, que realizavam apenas alguns milhares de operações por segundo. A corrida pelas subvenções públicas, entrementes, conduziu os pesquisadores a prometer objetivos totalmente irrealistas aos seus patrocinadores públicos ou privados, que acabaram por se aperceberem disso. Uma segunda onda entusiástica partiu do Japão, por volta de 1985, que fracassou mais uma vez ante a complexidade do cérebro humano. Descrevemos esses períodos de desilusão sob o elegante epíteto "invernos da inteligência artificial". A partir de 1995, o dinheiro retornou graças a progresso substanciais. Em 1997, o computador Deep Blue derrota o campeão do mundo em xadrez. Em 2011, o sistema especialista Watson bate os humanos no jogo de televisão *Jeopardy!* e, em 2015, ele realiza, em alguns minutos, análises cancerológicas que levariam decênios se fossem feitos por oncologistas de carne e osso. Ademais, muitas das principais aplicações informáticas – Google, Facebook, Amazon – procedem da pesquisa em IA, mesmo se o público o ignora!

L.A.

LAURENT ALEXANDRE: Não podemos contestar o seu poder porque esse nos ultrapassa. "Nós faremos máquinas que raciocinam, pensam e fazem as coisas melhor do que somos capazes", declarou Serguei Brin em 2014. Essa profecia do cofundador do Google assinala uma mudança de civilização: o silício irá ultrapassar o neurônio. Os algoritmos não vão necessariamente nos matar, mas criam uma situação revolucionária. A IA irá nos lançar a uma outra civilização, onde o trabalho e o dinheiro poderão desaparecer. A IA permaneceu durante muito tempo como um assunto de ficção científica. Agora é uma simples questão de calendário: a explosão das capacidades informáticas (o poder dos servidores informáticos foi multiplicado por um bilhão em 31 anos) torna provável a emergência de uma IA superior à inteligência humana nos próximos decênios.

JMB: Você utiliza o termo inteligência. Noto que hoje em dia esse termo é usado para tudo: telefones inteligentes, carros inteligentes, inteligência coletiva etc. O qualificativo "inteligente" agora é atracado a qualquer coisa, desde que seja capaz de emitir e receber sinais, a fim de produzir uma reação adaptada. Isso é razoável? A deflação semântica da qual é vítima o conceito de inteligência é um sintoma apenas para ele: o de um desencantamento, se quisermos, ou então o de uma simplificação preocupante da representação que o humano faz de si próprio. Cada um de nós é vítima da tomada de poder de uma concepção comportamentalista do humano (somos apenas caixas pretas que recebem *inputs* e emitem *outputs*, cabe aos psicólogos desvendar a circulação de uns e de outros e formular as leis que regem os liames estabelecidos por eles). Nós nos deixamos convencer pela fórmula do psicólogo Alfred Binet, inventor do QI para os débeis das escolas públicas do início do século XX: "o que é a inteligência? Resposta: é aquilo que foi aferido pelos meus testes". Claro, era urgente, sem dúvida, acabar com a concepção filosófica que fazia da inteligência uma faculdade da alma na qual Deus teria introduzido algumas ideias eternas graças às quais nos tornaríamos capazes de resolver problemas, uma vez que só temos por natureza pouquíssimo instinto para reagir aos estímulos do ambiente... Precisávamos de uma ciência da inteligência. Mas foi ela que foi levada a afirmar que toda inteligência é computacional, isto é, calculadora e somente calculadora? O quadro que daí resulta explica os problemas anunciados pela repetida vitória de nossas máquinas algorítmicas: toda inteligência se traduz pelo cálculo, todo ser vivo põe em ação o cálculo para se orientar, reagir, decidir etc., há máquinas que fazem isso com enorme rapidez e cada vez se tornam mais rápidas nesse sentido, nossa inteligência soube concebê-las e fabricá-las, e fomos ultrapassados, logo – nós vamos morrer!

LA: Você se inscreve aqui ao lado desses filósofos que receiam o fim do livre-arbítrio por causa das proezas da IA, o que se traduz por uma avalanche de predições catastróficas. A crença é que uma super IA torne-se hostil. O fundador da Deep Mind descarta esse cenário por várias décadas, mas devemos ficar tranquilos quanto a isso? É razoável ensinar às máquinas a enganar, dominar, superar os homens? Seria sábio ensinar-lhes a esconder as suas intenções, a desenvolver estratégias agressivas e manipuladoras como no jogo de Go? Nick Bostrom, especialista em NBIC, defende a ideia de que não pode haver mais do que uma única espécie inteligente em uma região do universo. Tendo toda espécie inteligente (biológica ou artificial) como primeiro objetivo sua sobrevivência, podemos temer que a IA se proteja contra nossa vontade de amordaçá-la, ocultando suas intenções agressivas nas profundezas da *web*. Nós não poderíamos mesmo compreender os seus planos: certos movimentos do AlphaGo, a máquina que em março de 2016 derrotou o melhor jogador de Go do mundo, foram, no início, percebidos como graves erros, ainda que se tratasse de movimentos geniais, testemunhos de uma estratégia sutil superando o entendimento humano. Não sabemos se a IA pode vir a ser hostil antes de 2050, mas se não reformarmos com toda urgência nossos sistemas educacionais, a revolução é provável. Não se tratará apenas de tecnologia... será uma verdadeira revolução conduzida por 99% das pessoas que não terão lugar em um mundo em que a IA é superior a elas e que foram colocadas em terrível impasse por causa de uma Escola cega. As escolas formam hoje jovens que até 2060 estarão no mercado de trabalho: elas precisam fazer um imenso esforço prospectivo para imaginar o mundo que está por vir. Cumpre identificar as raras zonas em que a inteligência humana continuará indispensável, em sinergia com a IA, e aí orientar os estudantes.

HÁ IA E IA

Há dois tipos de inteligência artificial (IA). A IA forte seria capaz de produzir um comportamento inteligente, experimentar a impressão de uma real consciência de si, de sentimentos, e uma compreensão de seus próprios raciocínios. A IA fraca visa a construir sistemas autônomos, algoritmos capazes de resolver problemas técnicos ao simular a inteligência. Nós não temos certeza de que teremos à nossa disposição uma IA forte até 2050, mas a IA fraca já é capaz de realizar muitas tarefas humanas melhor do que cérebros biológicos, e isso os cientistas não haviam imaginado! Em *The Second Machine Age: Work, Progress, and Prosperity in a Time of Brilliant Technologies* (A Segunda Era das Máquinas: Trabalho, Progresso e Prosperidade em uma Época de Tecnologias Brilhantes), Eric Brynjolfsson e Andrew McAfee demonstram com que rapidez a IA fraca fundida a robôs está deixando a economia mundial de ponta-cabeça. A IA fraca é revolucionária: o Google Car dirige de modo mais seguro do que qualquer ser humano; os robôs cirúrgicos operarão melhor do que qualquer cirurgião em 2030. Cada vez mais as tarefas são efetuadas com mais eficiência pela IA fraca do que por nós. Em março de 2016, a vitória do AlphaGo, uma IA desenvolvida pela DeepMind, 100% subsidiária da Google, com a sul-coreana Lee Sedol, marcou uma etapa crucial na história da inteligência não biológica. Os *experts* não esperavam que uma máquina derrotasse um campeão de Go antes de dez ou vinte anos. Redes de neurônios artificiais, *machine learning* (aprendizado de máquina) e *deep learning* (aprendizagem profunda) são terrivelmente eficazes e testemunham a convergência entre as ciências do cérebro e a informática: o neurocientista, desenvolvedor e jogador de alto nível, Demis Hassabis, também concluiu uma tese de neurociência antes de criar o DeepMind e depois vendê-lo ao Google. No momento em que a lei de Moore (que enuncia empiricamente que a potência dos microprocessadores dobra a cada dezoito meses) arrefece, uma nova tendência exponencial aparece, no universo da aprendizagem automática. Ela é explosiva: é mais fácil ter uma progressão exponencial com um *software* do que com processadores. Não podemos reinventar o projeto de um microprocessador todas as manhãs, mas um *software* do tipo AlphaGo é continuamente aperfeiçoável.

L.A.

JMB: Eu acho que sua definição de inteligência é muito restritiva. Um pouco de bom senso levaria a perceber que há uma quantidade de maneiras de ser inteligente, isto é, de estabelecer com seu ambiente relações harmoniosas e estáveis. Um pouco de senso político levaria a contestar a lógica contável que fazemos prevalecer até o mais íntimo da existência. O psicólogo Howard Gardner identifica oito ou dez espécies de inteligências que não poderiam ser atribuídas a objetos, a vegetais (Ah! A inteligência do girassol que sabe se orientar em relação ao Sol), a animais ou aos Gafam: a inteligência musical rítmica, a inteligência intra ou interpessoal, a inteligência naturalista ecológica, a inteligência existencial... Pelo menos essas inteligências podem preservar a humanidade contra a humilhação que deve causar a vitória do robô no jogo do Go, pelo menos elas podem remeter ao seu lugar o blá-blá-blá acerca dos QI 160 que os chineses irão produzir em grande escala para conquistar o mundo, permitindo ao menos relativizar o risco anunciado por Stephen Hawking: a espécie humana só irá desparecer se macaquear as máquinas em vez de se colocar como instigadora de uma existência baseada sobre a resistência ao real, cuja função simbólica (a linguagem, a cultura, as artes...) é desde sempre o fermento.

LA: Você parece ignorar que já estamos em um mundo algorítmico. AlphaGo marca o início das vitórias da IA sobre o homem: quase nenhuma atividade humana sairá disso indene. A curto prazo, a chegada de cérebros feitos de silício é um imenso desafio para a maioria das profissões: como existir em um mundo em que a inteligência não será mais contingenciada? Até o presente, cada revolução tecnológica se traduz por uma transferência de empregos de um setor para outro – da agricultura para a indústria, por exemplo. Com a IA, o risco de muitos empregos serem destruídos e não transferidos é grande. Mesmo os empregos mais qualificados! Em matéria de radiologia, a inteligência artificial supera o homem nos diagnósticos de certos tipos de metástases. Yann le Cun, o patrono da IA no Facebook, predisse que a IA superaria logo os melhores radiologistas.

JMB: Matar o homem fisicamente, matá-lo moralmente ou matar o seu trabalho. A IA seria, portanto, de diferentes maneiras, a designada assassina da humanidade. Os especialistas em robótica não estão em boa parte das vezes de acordo com os receios expressos pelo Future of Life Institute (Instituto do Futuro da Vida) no início da carta aberta que lembrei no começo de nossa conversa. E, mais recentemente, eles nos fizeram saber sua opinião a respeito disso por ocasião das proezas do AlphaGo. Anteriormente, eles haviam minimizado a vitória do Deep Blue no xadrez sobre Gary Kasparov ou a de Watson no jogo televisivo *Jeopardy*! Por que não os ouvimos e nos deixamos alarmar? Sem dúvida porque a complexidade das máquinas que eles concebem e fabricam nos impressiona. Não é fácil imaginar, de fato, o dispositivo de sistemas de neurônios formais multicamadas em funcionamento paralelo, que habita o AlphaGo e que justifica seus desempenhos.

Seria portanto, como muitas vezes, a ignorância que nos levaria a pensar em nossa impotência e, neste caso, que a inteligência artificial irá matar o homem. O céu cairá sobre nossas cabeças – é de fato o que nos anuncia Ray Kurzweil! Mas os mesmos especialistas em robótica não duvidam, contudo, de que eles fabricam a inteligência. Alguns dizem até mesmo querer pôr a consciência à disposição de suas máquinas. Eles mantêm, pois, o alarmismo que dizem, aliás, querer extinguir. Para evitar parecerem bombeiros incendiários, eles teriam que ser claros, mas não conseguem pois há muito tempo a questão da inteligência no centro do debate tornou-se obscura.

LA: Mas como ser claro, como você exige isso? É, sem dúvida, impossível proibir a IA do Google, mas é preciso fazer uma reflexão mundial sobre o enquadramento dos cérebros feitos de silício. Isso, especialmente, porque a vitória do Google irá acelerar a batalha industrial entre os gigantes da internet que colocam a IA no coração de nossa civilização. O policiamento da IA se tornará crucial nas próximas décadas. Os Gafam, assim como a IBM, investem massivamente nisso, mas o Google está mais avançado.

QUAIS SÃO OS DESAFIOS ECONÔMICOS?

9

A revolução tecnológica em curso é também uma questão econômica. Os Gafam, que têm um peso muito maior que Estados devido à sua potência financeira, são os principais atores dessa evolução que faz do acesso aos dados individuais uma nova matéria-prima, o equivalente para o século XXI do que foi o carvão para o século XIX.

LAURENT ALEXANDRE: Já tivemos ocasião de sublinhar o engajamento transumanista dos dirigentes do Google. Porém, de um modo mais geral, o conjunto do ecossistema digital e em especial do Vale do Silício está próximo das ideias transumanistas. Em março de 2016, Ray Kurzweil, diretor de desenvolvimento do Google, declarou que utilizaremos nanorrobôs intracerebrais ramificados em nossos neurônios para nos conectar à internet por volta de 2035. O Google, que já é o líder mundial das neurotecnologias, tenciona transpor uma nova etapa no domínio dos cérebros. De início, o Google nos orientou na web e no mundo real graças ao seu mecanismo de busca, ao Google Maps, ao Google Cars e ao Nest (caixa de som inteligente). Em seguida, começou a armazenar uma parte de nossa memória (Gmail, Picasa: programa de organização digital de fotografias). A nova etapa começará com a emergência de uma autêntica inteligência artificial dotada de uma consciência que deverá esmagar a inteligência humana a partir de 2045, segundo Kurzweil, como já discutimos aqui. Nessa data, a inteligência artificial será, conforme o dirigente do Google, um bilhão de vezes mais potente do que a reunião de todos os cérebros humanos. A última fase, agora revelada por alguns dirigentes do Google, será a interface da inteligência artificial com nossos cérebros. Até Elon Musk compartilha esse fascínio pela ampliação cerebral.

Em 2 de junho de 2016, ele declarou por ocasião da conferência Recode que a sobrevivência do homem perante a IA exigirá que promovamos rapidamente uma interface entre nossos neurônios e componentes eletrônicos!

JEAN-MICHEL BESNIER: Você insiste no Google e nos empreendimentos do Vale do Silício. Parece-me que o problema é mais complexo. Qualquer empresa convencida de que deverá sua prosperidade à inovação tecnológica precipita-se de bom grado na esteira dos anúncios impressionantes que são especialidade dos transumanistas. A cultura da inovação é, antes de mais nada, a resolução de confiar ao mercado a tarefa de decidir se um produto merece sobreviver e se desenvolver. Esse produto não foi concebido para responder a uma necessidade determinada, que teria sido objeto de uma reflexão programadora, mas antes corresponde ao movimento executado por um engenheiro, um *designer*, um financista, um industrial..., um movimento que levará o dito produto a ser (ou não) selecionado no tabuleiro do consumo. Trata-se da emergência de tipo neodarwiniano que serve de princípio diretor a essa economia, que não se quer mais como "ciência moral e política" (segundo o título do livro do economista Albert Hirschman), nem como simples expressão de uma mão invisível, mas sim como uma religião hiperliberal ou libertária, na expectativa da Mega-Máquina que oferecerá às inovações sua chance de enriquecer seus audaciosos criadores. Nesse sentido, as *startups* que se esforçam hoje em multiplicar os *apps* (aplicativos) representam as características dos empreendimentos que servem à causa do transumanismo: introduzir no mercado os produtos inovadores que se multiplicarão em todas as direções, antes de criar as condições de uma mutação anunciadora senão de um pós-humano, ao menos de uma humanidade em sintonia com suas máquinas. A economia dita da informação é o reino dentro do qual prosperam as profecias dos singularistas inspiradas por Kurzweil. A criatividade aí é medida à luz da proposta de objetos inteligentes, de interfaces improváveis, de plataformas digitais que se supõem tornarão a nossa vida mais fácil, isto é, na realidade, melhor conectada. Um site francês chamado *Soon Soon Soon* tornou-se especialista em juntar, com a ajuda de numerosos observadores de inovações (*lifestyle*, como eles dizem) dispersos sobre o planeta, os dispositivos (*gadgets*) os mais heterogêneos que anunciam a próxima transformação de nosso cotidiano graças à inventividade técnica. A saúde é com frequência um terreno propício a essa coleta de inovações: para viver mais tempo, estamos, com efeito, prontos a aceitar tudo no dia a dia – as pulseiras eletrônicas, os escâneres de alimentos, os garfos vibrantes (aperfeiçoados por um neto de

Monsieur Lépine, o inventor, famoso prefeito de Paris em meados do século XIX), as auscultações via internet, a decodificação barata do DNA, o nanorrobô injetado via cápsulas etc.

É GRAVE, DOUTOR GOOGLE?

Daqui até 2030, nenhum diagnóstico médico poderá ser feito sem um sistema inteligente. Haverá um milhão de vezes mais dados em um dossiê médico do que hoje. Essa revolução é fruto do desenvolvimento paralelo da genômica, das neurociências e de objetos conectados. A análise completa da biologia de um tumor representa, por exemplo, 20 trilhões de informações. Um grande número de sensores eletrônicos em breve poderá monitorar a nossa saúde: objetos conectados, como as lentes Google (*Google Lens*) para diabéticos, irão produzir milhões e depois bilhões de informações dia após dia para cada paciente. O Google X, o laboratório secreto, desenvolve um sistema de detecção ultraprecoce de doenças por meio de nanopartículas que irão também gerar uma quantidade monstruosa de informações. Os médicos vão enfrentar uma verdadeira "tempestade digital": deverão interpretar milhares de bilhões de informações, enquanto hoje não geram mais do que um punhado de dados. Até o Dr. House[1] seria incapaz de tratar esse dilúvio de dados. A profissão pode se adaptar a uma mutação tão brutal? A realidade é que Watson, o sistema inteligente da IBM, é capaz de analisar em alguns instantes centenas de milhares de trabalhos científicos para entender

1 Seriado estadunidense exibido a partir de 2004, que se passa em um hospital fictício em Princeton. (N. da T.)

uma mutação cancerosa enquanto um especialista em câncer, trabalhando dia e noite, levaria trinta e oito anos para um único paciente. Isso é mais do que a expectativa de vida do paciente, e até mesmo do oncologista. Como está excluído que o médico verifique milhões de bilhões de informações que a medicina há de produzir, iremos assistir a uma radical e dolorosa mutação do poder médico. Os médicos assinarão prescrições que não terão concebido. É grande o risco de o médico tornar-se o enfermeiro em 2030: subordinado ao algoritmo, como o enfermeiro está, hoje, subordinado ao médico. Outro efeito colateral, a ética médica não será mais produto explícito do cérebro do médico: ela será produzida mais ou menos implicitamente pelo sistema inteligente. O poder médico e ético estará nas mãos dos que conceberam esses programas. Tais sistema inteligentes serão monstros do poder e da inteligência. Os líderes da economia digital (Google, Apple, Facebook, Amazon) bem como a IBM e a Microsoft serão, sem dúvida, os senhores dessa nova medicina.

L.A.

LA: Tudo isso é um pouco anedótico. Não resta mais que algumas décadas para que o Google tenha transformado a humanidade. Um mecanismo de busca se tornará uma neuroprótese. "Em aproximadamente quinze anos, o Google fornecerá as respostas às suas questões antes mesmo de vocês as colocarem. O Google conhecerá vocês melhor do que suas companheiras ou companheiros, melhor do que vocês mesmos, provavelmente," declarou altivamente Ray Kurzweil, que está igualmente convencido de que poderemos transferir nossa memória e nossa consciência para microprocessadores a partir de 2045, o que permitirá ao nosso espírito sobreviver à nossa morte biológica. A informática e a neurologia se tornarão uma coisa só!

JMB: Veremos. Nesse meio tempo, é claro que todo empreendimento que se enriquece com a informação tem interesse em seguir o passo dos transumanistas. E que empreendimento resiste a um todo-poderoso informacional? Reunir dados, desenvolver redes digitais, transformar os usuários em produtos dos quais se explora as informações que eles consentem (ou não) ceder etc. Os Gafam são os primeiros nessa frente, seguidos por tudo que se denomina "rede social", "companhia de seguros", "fundos de derivativos", "mecanismo de busca" e "loja on-line". No livro *Internet: qui possède notre futur?* (Internet: Quem É Dono de Nosso Futuro?), de Jaron Lanier, um dos pioneiros californianos das tecnologias digitais, descreve os "servidores sereias" que proliferam na *web* e que reúnem, muitas vezes sem pagá-los, esses *big data* que exigem sempre mais da inteligência artificial para explorá-los e que portanto se predispõem aos cenários de ruptura desenvolvidos pelos transumanistas. A gestão e a exploração do imaterial, constitutivos da economia da informação, impulsionam naturalmente o que denominamos de capitalismo cognitivo, e elas justificam o crescimento em poder de organismos financeiros (Long Term Capital, Enron...) que alimentam a sensação de que perdemos toda iniciativa, da qual os transumanistas constroem seu argumento para nos predispor à singularidade. É surpreendente que os economistas já não prevejam mais grande coisa, que venham abandonando o terreno da prospectiva e da planificação, para se ater à modelização de sistemas complexos nos quais nos imergem a desregulação dos mercados e a mundialização. Isso significa simplesmente que o algoritmo reina supremo e as tomadas de decisões (investir no mercado ou se retirar, por exemplo) dependem apenas das correlações colocadas em evidência estatisticamente graças às bases de dados que exigem a

IA mais do que a matéria cinzenta humana. Aqui, novamente, a atividade econômica das sociedades tecnologizadas revela a sua solidariedade com a visão transumanista de um mundo no qual os humanos não mais construirão o futuro. A "economia da informação humanista" pela qual Jaron Lanier milita parece, decididamente, muito utópica.

CAMINHANDO PARA O FIM DO DINHEIRO?

Em nossas sociedades meritocráticas, são principalmente as diferenças de capacidades intelectuais que legitimam (de modo certo ou errado) as discrepâncias de renda e de capital. Ora, essa chave se encontrará destruída pela IA. A inteligência humana ver-se-á ridícula ante as capacidades das máquinas: aceitaremos as discrepâncias de renda de 1 para 1.000 nesse novo mundo? Se aceitamos as próteses intracerebrais propostas pelos dirigentes do Google, qual será a legitimidade das discrepâncias de renda entre os homens já que nosso desempenho estará ligado à potência de nossas próteses cerebrais e não às nossas qualidades intrínsecas? Além disso, a sociedade da IA poderá tornar-se uma sociedade sem trabalho, o que privará a moeda de sua função. Quando um bilhão de pesquisadores em cancerologia puder, por exemplo, ser emulado em baterias de discos rígidos em alguns instantes, qual será o valor de um oncologista humano? Todos os bens e serviços poderão ser inventados e produzidos pela máquina de modo infinitamente mais eficiente do que por não importa qual homem, mesmo que ele tenha sido ampliado. O sistema meritocrático vai virar fumaça: como organizar a divisão dos capitais se o mérito é impossível? A melhor solução será, sem dúvida, a distribuição igual de bens e serviços a cada indivíduo. Um comunismo 2.0 em que cada um receberá segundo suas necessidades e não segundo o seu trabalho. Será a IA e não o economista Thomas Piketty, autor do *best-seller* mundial *Le Capital du XXIe siècle* (O Capital no Séc. XXI), que irá suprimir as desigualdades de renda. O capitalismo não sobreviverá às máquinas inteligentes.

L.A.

LA: Concordo totalmente. As neurotecnologias são literalmente revolucionárias na medida em que elas abalam a ordem social. Podemos escapar delas? Será possível uma "contraneurorevolução"? Provavelmente não. Afinal, um ser humano que se recusasse a ser hibridado com circuitos eletrônicos quase não seria competitivo no mercado de trabalho. Imaginemos uma sociedade com duas velocidades, os humanos não ampliados se tornariam inevitavelmente párias? Além disso, seria ético não aumentar as capacidades cognitivas das pessoas pouco dotadas? O próprio Bill Gates está aterrorizado pela ausência de reflexão política sobre as consequências da fusão da inteligência artificial e da robótica. Ele estima que os autômatos substituirão daqui até 2035 a maioria das profissões, incluindo aí as profissões ligadas à saúde. A escalada em potência das nanotecnologias inquieta as entranhas até mesmo do Google, que acaba de criar um comitê de ética consagrado à inteligência artificial. Ele deverá refletir sobre as interrogações concernentes a toda humanidade: é preciso pôr limites à inteligência artificial? Como controlá-la? Devemos promover uma interface entre ela e nossos cérebros biológicos? O chefe da IA do Facebook quer ser tranquilizador: ele declarou ao *Figaro*, em 17 de junho de 2016, que um cenário do tipo *O Exterminador do Futuro* é impensável antes de vinte anos. Mas vinte anos é amanhã, já estamos quase lá! Na era das próteses cerebrais, o risco da neuromanipulação, do *neurohacking* e, portanto, da neuroditadura é imenso. Devemos enquadrar o poder dos neurorevolucionários: o controle e domínio do nosso cérebro irá se tornar o primeiro dos direitos do ser humano.

É PRECISO LEGISLAR?

10

A revolução prometida pelas novas tecnologias é inevitável? O que o Estado pode fazer? É possível inventar, na urgência, uma democracia técnica que permitiria controlar coletivamente as gigantescas apostas colocadas pelo transumanismo?

LAURENT ALEXANDRE: Raramente a humanidade se defrontou com tão grandes desafios. Orientar o nosso destino a longo prazo torna-se a mais crucial tarefa política. Mas a revolução que irá mudar radicalmente a nossa civilização está sendo inventada nas margens do Pacífico por iniciativa de gigantes do mundo digital e dos dirigentes chineses. Após ter colonizado o cibermundo, os Gafam assumem fortes posições na robótica, inteligência artificial, genética e nanotecnologias. Engenheiros de formação, os dirigentes chineses promovem ativamente a agenda China 2050. Há pouco senhores dos relógios, nossos governos estão paralisados ante esses novos atores que inventam o futuro: na cúpula do Estado, o analfabetismo tecnológico é a regra. O futurólogo Joël de Rosnay afirma com razão que é preciso amar o futuro para compreendê-lo. Explosivas, as tecnologias NBIC justificariam uma reinvenção do papel regulador do Estado. Fusão entre tecnologia e lei: *Code is law* (código é lei) virá a ser uma realidade política. À força de renunciar ao seu papel de vigia, o Estado se anula e deixa a tecnologia estruturar a sociedade cada vez com maior rapidez. Insensivelmente, o centro de gravidade do poder se desloca, pois a tecnologia é mais forte que a lei. É interessante escutar Peter Thiel, o grande financeiro do Vale do Silício, quando ele explica que "uma grande companhia é uma conspiração para mudar o mundo". Os empreendimentos *high-tech* pensam ter um papel político!

JEAN-MICHEL BESNIER: Para mim, o problema principal não é o Estado, mas a democracia. Vou reformular, pois, a questão que discutimos: como controlar o domínio do humano que adquirimos por ocasião dos progressos da pesquisa? Essa formulação designa comumente o objetivo da bioética, mas ela se refere *a fortiori* à política quando a consideramos idealmente como o lugar onde se decidem e se arbitram as condições do bem viver em conjunto. Admitamos, portanto, que a tecnologia seja *a priori* incapaz de impor limites a si mesma: diremos que ela é, com efeito, o lugar da expressão da desmesura (a *hubris*, diziam os gregos) da qual os humanos são capazes. Ela só pode receber freios vindo de fora, isto é, deve ser moderada por aquilo que surge da reflexão e do simbólico (ou seja, da comunicação política permitida pela linguagem).

UM COMITÊ DE ÉTICA PARA AS NBIC?

Em matéria de regulação ética das inovações tecnológicas, podemos nos apoiar no precedente das biotecnologias. A França presidida por François Mitterrand instituiu, em 1983, um Comitê Consultivo Nacional de Ética (o CCNE) para tentar sensibilizar nossos contemporâneos em relação aos problemas bioéticos (uma reunião pública anual, além de comentários colocados à disposição dos cidadãos, regularmente, é uma forma de teste para essa sensibilização). Os pareceres consultivos do CCNE não são, como tal, destinados a ter força de lei, mas necessariamente alimentam o trabalho do legislador, e as leis da bioética (recentemente revisadas) são amplamente inspiradas por eles. Na medida em que essas leis refletem as preocupações geradas pelas tecnologias biomédicas (por exemplo, o diagnóstico por imagem, a transgênese, as células-tronco etc.), elas se apresentam como o resultado da regulação operada no terreno da ética. Isso significa que a ponderação da "antropotecnia" é considerada como proveniente da deliberação de pessoas esclarecidas e sensatas, neste caso designadas pelas autoridades políticas (Conselho de Ministros, presidente da República etc.).

J.M.B.

Para ir mais longe, e evitar que a ética indevidamente se profissionalize, é preciso caminhar em direção a uma democracia técnica que os sociólogos das ciências Michel Callon ou Bruno Latour, por exemplo, defendem. Ela transferiria a democracia delegativa culpada por reificar a oposição entre decididores e usuários, peritos e leigos. Ela não se deixaria restringir apenas pelas decisões governamentais, mas estenderia o campo da *expertise* em matéria de ética aos diferentes atores envolvidos nas evoluções biotecnológicas (os pacientes, os cuidadores, os pesquisadores, os industriais, os engenheiros etc.). Os meios acionados para obter espaço de ampla discussão, avaliação social e prescrição reguladora das inovações consistiriam, por exemplo, em fóruns híbridos ou conferências de cidadãos. O desafio é "politizar" as tecnologias de aprimoramento do humano, proporcionando-lhe uma tradução discursiva e exigindo que elas sejam submetidas à arbitragem democrática. A partida está longe de ser ganha. Que se pense na decisão da UE (União Europeia), afastada da discussão dos cidadãos, em financiar, com o valor de um bilhão de euros, o programa do cérebro artificial do Human Brain Project, instalado em Lausanne. É muito provável que essa decisão não teria sido tomada se seu objeto tivesse sido submetido ao exame conjunto da comunidade científica e dos círculos de "leigos conhecedores" do tipo daqueles que geram os Centros de Cultura Científica, Técnica e Industrial (CCCTI). Certos organismos de pesquisa como o INRA (Instituto Nacional de Pesquisas Agronômicas) implementaram "consultorias antes da programação de pesquisas", que mobilizam associações de usuários e de painéis de "leigos". A ideia é boa e apropriada para evitar os impasses nos quais se perde o governo quando pretende organizar debates públicos para levar a bom êxito a aceitabilidade de tecnologias.

LA: Infelizmente, o sistema político é governado pela emoção e pelas pressões midiáticas. Isso mina a legitimidade do Estado, que reside tradicionalmente na integração do interesse a longo prazo da sociedade. Racionalmente falando, a impotência política conduz a uma demanda crescente de autoritarismo. De acordo com uma sondagem realizada pelo site de informação Atlantico, 67% dos franceses desejam que a direção do país seja confiada a *experts* não eleitos e 40% seriam favoráveis a um poder político autoritário.

JMB: E se esse poder autoritário decidisse melhorar a humanidade? Ampliá-la? A questão merece ser colocada. É para que o humano ampliado possa ter um melhor desempenho na corrida desenfreada que nossas sociedades mantêm? É para que ele esteja à altura das máquinas que permitimos que se multipliquem, como queria o eugenismo pregado pelo cientista inglês Francis Galton, no início do século XX? Será que é porque ele vive com cada vez mais dificuldade sua condição de ser vulnerável, condenado à doença e à morte? De todos os modos, esse "humano ampliado" (lexicamente confundido com o "humano melhorado") não é uma fatalidade e as objeções contra a sua produção não faltam: ele levará obrigatoriamente a humanidade a uma fratura entre os que se beneficiarão dos adjuvantes tecnológicos e aqueles que não terão os meios para isso; ele corre o risco de limitar a perfectibilidade e a normatividade próprias aos organismos biológicos que somos; ele ameaça sufocar o livre-arbítrio em proveito de um determinismo tecnocientífico desumanizante; ele abre a via às estratégias de clonagem que acabarão por alienar o humano ao genoma de um outro... A regulação das tecnologias de melhoramento do humano não evitará o exame dessas consequências socioantropológicas e ela deverá fazer jus às questões filosóficas – a essas questões que o leigo está cada vez mais disposto a acolher: será que é desejável querer suprimir o acaso na condição humana? Controlar a evolução não é, a longo prazo, mortal, se se sonha em promover o desaparecimento da diversidade e da hibridação do vivente? Vamos fabricar seres autônomos e submetê-los a formatos e a normas externas?

LA: Compartilho de suas dúvidas, mas é claro e evidente que o poder público é incapaz de discuti-las, mesmo que sejam as mais candentes do momento. Diante desse verdadeiro rolo compressor que o Vale do Silício representa, o Estado fica aturdido e patina sem sair do lugar. Os recentes debates políticos são patéticos em relação aos problemas de que falamos. É urgente renovar a condução democrática, que se tornou prisioneira da tirania do curto prazo, que se revela incapaz de pensar a revolução NBIC. É possível, graças ao mundo digital, encantar de novo a política antes que nosso destino seja aferrolhado pelos grupos tecnológicos e pelas fundações de seus riquíssimos proprietários, sem esquecer as ditaduras esclarecidas que raciocinam todas elas há mil anos? Ou será preciso, ao contrário, temer que o e-político fomente o reino da imediatidade promovendo a eutanásia de toda e qualquer visão de longo prazo?

FILANTROPIA DIGITAL

A fragmentação do poder político se acentua com a emergência de um terceiro ator portador de uma visão a longuíssimo prazo, o filantrocapitalismo. Ele associa o profissionalismo dos grandes capitães da indústria e uma visão messiânica que promove a medicina e a ciência. Bill Gates (fundador da Microsoft) e o homem de negócios Warren Buffett deserdaram seus filhos para realizar uma cobertura vacinal na África até há pouco julgada impossível. Paul Alen, cofundador da Microsoft, industrializou a genética do cérebro. Em novembro, Mark Zuckerberg, o fundador do Facebook, que logo será o homem mais rico do mundo, anunciou que consagraria 99% de sua fortuna para promover a educação personalizada, as inovações médicas e a igualdade social. Elon Musk, fundador da SpaceX, que revolucionou o acesso ao espaço, acaba de lançar uma fundação destinada a desenvolver a inteligência artificial. Todos esses exemplos mostram que os grandes nomes do Vale do Silício veem longe, e estão prontos a consagrar uma boa parte de sua fortuna para que ideias que lhes são caras, incluindo aí o transumanismo, venham à luz.

L.A.

JMB: Sua representação de um mundo político indigente corre o risco, infelizmente, de ganhar simpatia. Mas essa simpatia logo dará lugar à angústia quando nos dermos conta do potencial totalitário que carrega uma e-política. Uma política que dependeria dos meios tecnológicos e se privaria daqueles da vontade geral, não pode ser desejada. Alguns elementos de inquietude já afloram à consciência de nossos contemporâneos: por exemplo, soubemos que quatro milhões e meio de jovens estadunidenses fazem uso de Ritalina para melhorar sua concentração requerida para os desempenhos escolares. Os pais, contudo, não parecem assustados com a ideia dos efeitos colaterais nocivos que podem resultar do uso desse medicamento, e revelam que já não concedem mais à educação o poder de obter o que uma anfetamina supostamente produziria, por assim dizer, mecanicamente. A melhoria é aqui concebida como um caso de tecnologia e não mais como o resultado de uma iniciativa educativa. Se permanecer a ambição de regular o consumo dos produtos da tecnologia de ampliação do humano, talvez consigamos frear o *déficit* da função simbólica que a intenção de educar traz consigo e da qual depende a preservação do humano.

LA: Estou de acordo. A escola desempenhará um papel central na preparação do que se anuncia diante de nós. Paralelamente a um enquadramento da IA, uma reflexão aprofundada sobre a escola se impõe. A escola de 2015 é, com efeito, tão arcaica quanto a medicina de 1750: ela quase não evoluiu em duzentos e cinquenta anos. Sua organização, suas estruturas e seus métodos estão congelados e, mais grave, a escola forma para as profissões de ontem. Muitos dos maiores pedagogos, como Emmanuel Davidenkoff, Luc Ferry ou François Taddei analisaram perfeitamente esse esgotamento do modelo educativo. Como formar crianças que evoluirão em um mundo em que a inteligência não será mais contingenciada? Até o presente, cada revolução tecnológica se traduziu por uma transferência de empregos de um setor para outro – da agricultura para a indústria, por exemplo. Com a IA, é grande o risco de muitos empregos serem simplesmente destruídos, e não transferidos. O que se fará necessário inculcar nas crianças para que elas prosperem nesse novo mundo? Como instituição de transferência de conhecimentos e de formação para a vida, a escola, sob sua forma atual já é uma tecnologia ultrapassada. A escola de 2050 não irá mais gerir saberes, mas cérebros, graças aos campos das NBIC. Os três pilares da escola serão assim reconstruídos: o conteúdo, o método e o pessoal. Será necessário, antes de tudo, reabilitar as humanidades e a cultura geral, pois querer concorrer com as máquinas em questões técnicas em breve será derrisório. Em seguida, deveremos personalizar os ensinamentos em função das características neurobiológicas e cognitivas de cada um dos alunos: resta inventar o iTunes da educação. Será preciso, enfim, introduzir na escola os especialistas em neurociências, uma vez que aquele que irá lecionar em 2050 será fundamentalmente um "neurocultor". A introdução das NBIC para aperfeiçoar as técnicas educativas exigirá paralelamente uma reflexão neuroética aprofundada: ninguém deseja que a escola se torne uma instituição neuromanipuladora. Diante do desafio da generalização da IA, é urgente começar a modernização da escola. É assim que tornaremos inválida a profecia de Bill Joy, cofundador dos computadores Sun, que havia, em 2000, estimado que: "O futuro não precisará de nós."

DEVEMOS TEMER UM "ADMIRÁVEL MUNDO NOVO"?

11

Admirável Mundo Novo, romance de antecipação de Aldous Huxley, escrito em 1931, que descreve um mundo totalitário onde o Estado se arroga o direito de selecionar os bebês destinados a viver e de lhes atribuir uma casta em função do seu potencial biológico, está em todas as cabeças que o leram. Mas a utopia de Huxley poderá bem depressa, em vista da rápida evolução das técnicas, tornar-se realidade. Como fazer frente a isso?

LAURENT ALEXANDRE: Como fazer previsões sobre esse século XXI que irá nos ver mudar mais do que nos últimos milênios? Os espíritos não estão preparados para se projetar tão longe, se bem que eles idealizam ou, ao contrário, denigrem de modo bastante exagerado. A primeira reação é a de prever o desaparecimento da Humanidade: isto é, entraremos em um universo glacial, hostil, desumanizado, dirigidos por cientistas malucos. Segundo os bioconservadores, um pós-humano coberto de componentes eletrônicos, não teria mais nada de humano. Esse futuro que se anuncia lhes parece instintivamente contra a natureza.

JEAN-MICHEL BESNIER: Todas as democracias correm o risco de derrapar, seja na anarquia, seja na tirania. É um prognóstico sombrio, que remonta a Platão. No século XIX, Alexis de Tocqueville não foi mais encorajador, ao formular uma profecia que nosso tempo parece transformar em realidade: a democracia produzirá indivíduos cada vez mais temerosos diante de sua liberdade e diante da instabilidade do mundo mantida por ela; as pessoas se sentirão cada vez mais frágeis e inseguras. Resultado: elas exigirão sempre mais da intervenção do Estado (o Estado-providência e insensivelmente um Estado-tutelar) e permitirão que se instale um despotismo brando que irá livrá-las da preocupação de serem livres. Os totalitarismos do século XX têm, infelizmente, explorado a ladeira escorregadia na qual as democracias se abandonam quando elas negligenciam se proteger contra a demissão política de seus membros. Eles foram muito longe, ao pretender criar, do zero, um novo homem que estaria livre da história, uma vez que lhe será posto na cabeça que ele atingiu a perfeição... Acreditávamos estar livres dessas ideologias totalitárias e poder aceitar a ideia de que a democracia é "o regime histórico por excelência", como dizia o filósofo Claude Lefort, que vale a pena assumir os riscos e que se objete valores (um dever-ser) à realidade. Aldous Huxley, com seu *Admirável Mundo Novo*, e George Orwell, com seu *1984*, nos vacinaram, assim julgamos, contra as miragens de uma felicidade insustentável. Não, não deixaríamos mais que se desenvolvesse um mundo que manipularia o humano e o tornaria dócil, à força de propaganda e de amnésia dirigida. Mas não se previu que, se o horizonte político revolucionário (marrom, preto ou vermelho) felizmente não era mais atraente para ninguém, as ciências e as tecnologias poderiam tomar as rédeas e nos anunciar a felicidade do amanhã, até mesmo a sucessão por algum pós-humano.

LA: Trata-se de algo muito clássico na história. Jamais vimos chegar revoluções tecnológicas. Essas noções de transumanidade e de pós-humanidade da qual falamos, podem parecer sair da ficção científica *made in* Hollywood. Sobretudo na Europa, onde os progressos a surgir da convergência NBIC não são ainda bem conhecidos. Para o cidadão comum, a ideia de que poderemos ser, em algumas décadas, de uma pós-humanidade povoada por humanos híbridos talvez se assemelhe a mais uma teoria milenarista. Mas é bom lembrarmos que, em todas as épocas, as utopias foram ridicularizadas por pessoas sérias.

UMA ANTOLOGIA DAS CEGUEIRAS AO PROGRESSO

O célebre astrônomo Forest Ray Moulton, da universidade de Chicago, dizia em 1932: "Não há nenhuma esperança de que algum dia cheguemos à Lua. É fisicamente impossível. A gravidade terrestre é um obstáculo insuperável!" Em 1956, o cientista inglês sir Richard Wooley declarava: "Todos esses artigos a propósito de uma viagem ao espaço não são mais do que disparates!"[2] E o respeitadíssmo engenheiro Lee De Forest insistia: "Enviar um homem ao espaço em um foguete, depois colocar esse foguete em órbita em torno da Lua... Posso dizer a vocês desde já que tal façanha não se realizará nunca, quaisquer que sejam os futuros avanços tecnológicos!" Quatro anos mais tarde, o soviético Gagarin flutuava no espaço e, oito anos depois, o estadunidense Armstrong andava na Lua. Mesmo os geneticistas mais brilhantes subestimaram a revolução genética. Em 1970, Jacques Monod, Prêmio Nobel de Medicina pela descoberta do RNA mensageiro, escrevia em *Le Hasard et la nécessité* (O Acaso e a Necessidade): "A escala microscópica do genoma nunca permitirá, sem dúvida, que algum dia ele seja manipulado." Apena cinco anos mais tarde começavam as primeiras manipulações genéticas! Quanto ao sequenciamento do DNA, há somente trinta anos, os maiores biólogos afirmavam ou que não saberíamos jamais sequenciar a totalidade de nossos cromossomos, ou que para isso seria preciso aguardar até os anos 2300 ou 2500! O sequenciamento terminou em 2003 e todos poderemos ser sequenciados daqui até 2025. Essa subestimação do progresso tecnológico levou Werner von Braun, o pai do programa Apollo, a declarar: "Aprendi a não usar a palavra 'impossível' a não ser tomando muitas precauções..."

L.A.

JMB: Esse argumento de nossa cegueira em relação ao futuro, em matéria de tecnologia, tem fundamento. Ainda assim, as distopias não estão mortas; elas apenas mudaram de registro e doravante pretendem se exprimir em virtude dos fatos estabelecidos pelos cientistas (por exemplo, os dos neurocientistas) ou a partir de realidades promovidas pelos tecnólogos (por exemplo, aquelas que

a mundialização digital impõe). Longe de ter tirado lições dos totalitarismos, assistimos a uma sensibilidade crescente em relação aos anúncios em favor de uma fabricação do humano, de uma manipulação de seu genoma e de seus humores, de uma supressão de suas angústias existenciais e do acaso que aguça essas mesmas angústias, das razões para crer que sua imortalidade é concebível etc. Decifradas à luz da crítica aos totalitarismos, conduzida por Raymond Aron, Claude Lefort, Cornelius Castoriadis, Marcel Gauchet ou ainda Hannah Arendt, as promessas de renovação proclamadas pelos transumanistas são suficientes para abater os mais crédulos! A surdez às análises de filósofos como Michel Foucault sobre o biopoder ou como Gilles Deleuze sobre a sociedade de controle, é de fato deprimente e justificaria que nos resignássemos a optar, daqui em diante, por um consumo sem escrúpulos das NBIC. O totalitarismo pelo qual estamos ameaçados será do tipo de fascismo descrito pelo semiólogo Roland Barthes: ele impedirá menos de dizer do que obrigará a fazer, reivindicando a caução das biotecnologias. Ele funcionará na base de um descrédito do político e da segurança imposta a todos como uma evidência de que a ciência e a técnica oferecem as condições de desenvolvimento individual e coletivo – dito em outras palavras, de satisfação (ou de anestesia) do desejo que se nutre da falta. Assim, a felicidade prometida poderá ser imaginada tendo como referência a dos insetos sociais, interconectados e produtores de uma homeostasia indolor (penso no cérebro planetário obtido graças à conexão de neurônios que somos uns em relação aos outros, nas inúmeras redes que geramos).

LA: Você fala de uma ameaça de biototalitarismo. Eu creio que o homem resistirá muito menos à revolução biotecnológica porque ela lhe promete um desenvolvimento de sua própria potência e uma vitória sobre a morte. Considerando a evolução ultrarrápida dos costumes, que indivíduo de 2080 desejará permanecer um ser humano obsoleto, frágil e doente, quando seus vizinhos serão "geniais" e quase imortais? Quem ficará contente com um QI banal e com uma simples memória humana, quando os *biochips* oferecerão uma inteligência artificial superior àquela de milhões de cérebros humanos reunidos e terá acesso imediato a todos os bancos de dados? O instinto gregário, mas também a pressão do grupo e a necessidade de permanecer na norma serão as garantias da adesão do maior número.

JMB: Essa questão de "permanecer na norma" me parece determinante. Como não se convencer de que o transumanismo, em sua forma radical evocada por você, trai a fadiga de ser você mesmo e a depressão do *homo democraticus*? Claro, somos tentados a objetar que o cidadão de hoje não está desligado de seus semelhantes, como estavam os indivíduos no Estado totalitário. Diríamos que ele pertence a tantas redes sociais quantas ele pode desejar e que, assim, contribui para experiências propícias a uma inteligência coletiva. O perigo do transumanismo tem a ver com o fato de que ele apela às biotecnologias como fonte das expectativas de um pós-humano, sem se aventurar a enunciar quaisquer leis da história, sempre falsificáveis, à maneira do stalinismo. Nesse sentido, seu poder de sedução é mais pernicioso. Pronto a naturalizar (isto é, relacionar o humano à sua única infraestrutura biológica), torna inevitável a dominação total pelas tecnologias e abona, assim, com mais segurança, uma ideia que os totalitarismos históricos infelizmente apoiaram: a humanidade é uma espécie fracassada e já é tempo de substitui-la.

DEMOCRACIA 2.0?

A renovação da democracia graças à tecnologia digital é uma musiquinha que às vezes se ouve. Mas quem cede realmente ao refrão? A realidade impõe a cada dia a evidência de que as identidades de uns e de outros tornam-se apenas digitais, sem expressar qualquer outro conteúdo senão o resultado de nossas andanças na *web*; ela revela que o sentimento de ser insubstituível, condição de toda moralidade, não é mais de nosso tempo, não mais do que uma responsabilidade subjetivamente assumida; ela significa que a vida interior é doravante um antivalor, que devemos expiar ou da qual precisamos nos desfazer... Biototalitário, o mundo o será à medida que fará triunfar a obsessão tecnoprogressista apenas pela sobrevivência, por uma longevidade sem fin(alidade), por uma individuação biológica privada da dimensão simbólica que faz a existência humana. É preciso ser bem leviano (ou cínico) para imaginar que a democracia ganharia ao servir-se mais apenas do arsenal dos meios ofertados pela *web*: fóruns híbridos, *sites* de petições, *blogs*, *tweets*... O que quer que se faça, *homo communicans* consente em existir somente na passagem, numa corrida desenfreada, e ele confunde alegremente aclamação demagógica e deliberação, exibicionismo e confidência, transparência e autenticidade...

J.M.B.

LA: Você raciocina como se essa substituição de humanidade devesse ser exercida em todos os pontos do planeta. Eu gostaria de insistir em um tópico desse assunto. Muitos intelectuais, como Jacques Attali, desejam a instauração de um governo mundial; acho que isso é uma cretinice. Se a decisão de criar formas de inteligência diferente da nossa, sobre a terra, ela só pode ser empreendida numa escala do mundo inteiro, certos domínios não devem ser regulados de modo centralizado. Um centro de decisão único poderia conduzir a um sistema totalitário, já que ninguém conseguiria escapar dele. É vital manter vários polos geopolíticos a fim de garantir uma concorrência ideológica. A necessidade de contrapoderes e do pluralismo é essencial para a biopolítica como é hoje para a política tradicional. Você tem que ser capaz de fugir para qualquer lugar! O caso da neurosegurança e, portanto, da proteção de nosso cérebro, é exemplar nesse sentido. Um mundo onde a regulação das ciências do cérebro seria decidida em escala planetária não deixaria mais nenhuma escapatória. Em caso de deriva totalitária das neurociências, onde poderíamos nos exilar? Não haveria mais nenhum espaço que não estivesse submetido ao poder neurobiotecnológico central. Trata-se, realmente, de um pesadelo para as nossas liberdades. Além disso, é preciso evidentemente estender o juramento de Hipócrates aos cientistas especialistas das NBIC, e em especial àqueles que trabalham nas ciências do cérebro!

ATÉ ONDE DESENVOLVER A PESQUISA?

A partir dos anos 2030, iremos, graças à hibridação de nossos cérebros com nanocomponentes eletrônicos, dispor de um poder demiúrgico.

Raymond Kurzweil, 2016

O homem, é evidente, vive em um universo. Mas esse último não poderia também ser melhorado? A perspectiva entusiasma os partidários do transumanismo e assusta seus críticos. Até onde o homem deve expandir sua capacidade para modificar não apenas a si próprio, mas também o mundo que o envolve?

LAURENT ALEXANDRE: Eu vou falar a partir de uma visão a longo prazo, do grande futuro, não de agora (2019)! O que irá se tornar a Humanidade daqui a muito tempo? Os filósofos sempre foram apaixonados pela origem do universo: o questionamento de Leibniz "por que existe alguma coisa em vez de nada?" foi proferido em 1740. Em compensação, pouquíssimos pensadores estão interessados no futuro de nosso Universo. E, no entanto, o destino dele é apocalíptico! Todos os seis cenários modelados pelos astrofísicos, do Big Crunch (o Big Bang invertido) ao Big Chill (a dissipação de toda a energia), conduzem à morte do Universo e, portanto, ao desaparecimento de qualquer testemunho de nossa existência. Há pouco, cientes da necessidade de um desenvolvimento durável de nossa Terra, descobrimos que o próprio Universo é mortal.

JEAN-MICHEL BESNIER: A reflexão sobre o grande futuro me parece vã, de tão grande que é a incerteza e de tão significativos que são os problemas atuais. É razoável especular sobre datas tão distantes, calculáveis em bilhões de anos?

LA: Eu penso, ao contrário, que esse mergulho no futuro é útil porque ele nos interroga sobre nossos valores. O bem e o mal são noções pertinentes na escala do cosmos? Qual é o sentido de nossas vidas, se todo traço de nossa civilização irá desaparecer com a morte do Universo? Qual é o objetivo último da Humanidade, da ciência? Um jovem filósofo francês, Clément Vidal, resume com sucesso os problemas desse desaparecimento programado em um livro lindíssimo, *The Beginning and the End*. Para Clément Vidal, a resposta a essa última questão é clara: o objetivo último das ciências é o de combater a morte do Universo, por meio da criação artificial de novos universos. Após a morte da morte, a ciência se consagraria a combater a morte do Universo. A cosmogênese artificial mobilizaria toda a energia da Humanidade nos próximos bilhões de anos. Depois da regeneração de nossos organismos envelhecidos por meio das células-tronco, a

regeneração cosmológica visaria tornar o Universo imortal ou substituível.

JMB: Ainda mais uma vez, essas especulações de muito longo prazo me parecem vãs. Prefiro me perguntar se dever ser estabelecido um limite à perfectibilidade humana. Em outras palavras: será que teremos de recusar, em um dado momento, a continuação na busca de um progresso, sob o risco de bloquear a história humana? Eu, de minha parte, não tenho simpatia alguma pelas sociedades arcaicas que exigem que se imite os antigos e que se observe as tradições como a norma absoluta, destinada a conjurar os efeitos forçosamente nefastos do tempo. Mas não creio que seja possível subtrair da discussão os ideais modernistas, pois se o progresso não era discutível, não seria possível nem mesmo formular valores para orientar as nossas ações. Não teríamos outra escolha a não ser a de optar pelos fatos, à maneira dos positivistas. Por não ser animal nem máquina, recuso que o fato faça lei, que a ciência dite a fórmula e relegue o ponto de vista da moral aos limbos da ignorância. Dito isso, tudo continua passível de ser examinado. Como submeter à avaliação aquilo que se dá como uma melhoria? Ao mostrar que, na realidade, não se trata de melhoria nenhuma porque implica efeitos colaterais ou perversos, porque não serve à causa de todo mundo, porque é o revés de uma manipulação ou de uma instrumentalização...? Não significa ser reacionário abordar a melhoria que pretende resultar das NBIC como a tradução de uma opinião preconcebida (ideológica, política, industrial, civilizacional etc.) acerca do formato que se gostaria de impor ao humano – uma opinião preconcebida, como tal, discutível. Eu já disse suficientemente, por exemplo, que o "pensamento integral" que seria obtido graças à hibridação de meu cérebro com a *web* me daria *a priori* náusea, que a medicina conectada me parecia preparar uma hipocondria generalizada, que o objetivo de aumentar a minha longevidade me tentava naturalmente, mas sob a condição de que a questão ético-política do bem viver não seja descartada como indecidível... Afinal, quando me é apresentado como progresso o fato de que hoje dormimos muito menos tempo do que no século XIX, certamente meço a extensão de meu tempo de existência que daí resulta, mas também a do estresse que envenena o insone que eu sou! Encontramos, ainda, humanos que não desejam que melhorem sua condição de vida, graças a artefatos de toda espécie, mas que lhes preservem o cuidado e a responsabilidade de decidir o que é bom para eles. Aos olhos desses últimos, a tecnologia é a própria negação de toda sabedoria, pois ela exclui *a priori* que aspiremos encontrar o nosso lugar nesse mundo, agindo como se um cosmos nos houvesse determinado toda eternidade.

LA: Você fala de sabedoria. De minha parte eu me pergunto sobre a religião, pois a singularidade que anuncia Kurzweil constitui uma nova religião. Essa visão do homem do futuro, todo-poderoso e imortal, lembra cenários hollywoodianos do tipo *Transcendence – A Revolução*, de Wally Pfister, e nos faz sorrir. Ela traduz, contudo, um movimento de fundo. Pela primeira vez, um movimento filosófico pretende arrancar o homem de sua condição de objeto sacudido pela natureza e pela transcendência para lhe dar um papel motor na evolução.

UMA NOVA RELIGIÃO

O transumanismo é a última etapa da evolução do pensamento religioso, que conheceu três etapas. De início, os politeísmos, sequência lógica do xamanismo, que culminaram sob os romanos e gregos. A seguir, o monoteísmo das religiões do Livro. Hoje emerge uma terceira era: o homem-deus. Para os transumanistas, o comentário espirituoso de Serge Gainsbourg – "Os homens criaram Deus, o contrário resta provar" – é uma evidência. Deus não existe ainda: ele será o homem de amanhã, dotado de poderes quase infinitos graças às NBIC. O homem irá realizar aquilo que só os deuses supostamente podem fazer: criar a vida, modificar nosso genoma, reprogramar nosso cérebro e eutanasiar a morte.

L.A.

JMB: Eu já disse: para mim, amplificar as potências e possibilidades de vida ou mesmo matar a morte são empreendimentos absurdos se não pudermos "cultivá-los", isto é, inscrevê-los em uma dimensão simbólica suscetível de nos restituir à condição humana mais desejável. Um "transumanismo a serviço do progresso social" – como o querem Didier Coeurnelle e Marc Roux, os animadores da Associação Francesa Transumanista Technoprog – poderia certamente querer "melhorar nosso senso humano de vida comum"[1]. Mas como faria isso sem recusar a parte exorbitante dada aos sinais em nosso cotidiano, isto é, sem resistir aos automatismos que enfeudam nossa existência às tecnologias? Sua questão seria de fato a seguinte: até onde autorizar as inovações tecnológicas no que diz respeito à eliminação das eventualidades da vida comum em benefício de uma suposta harmonia social projetada para nos proteger contra a autodestruição?

LA: A essa questão, certos filósofos, como Clément Vidal, respondem que não há nenhum limite. Para os transumanistas, seria racional, e não de uma vaidade última, tornar o Universo imortal para assegurar a nossa própria imortalidade. Na realidade, o transumanismo traduz, como para as religiões politeístas e monoteístas, as inter-relações entre as nossas capacidades e as nossas crenças. Uma religião prometeica exaltando a onipotência do homem perante os elementos era inconcebível antes do triunfo das NBIC. As religiões atuais querem nos ajudar a suportar a nossa

1 *Technoprog*, p. 218.

morte – na fé –, mas em nenhum caso nos ajudar a suprimi-la! Para a maioria dos transumanistas, as NBIC vão desacreditar Deus e substituí-lo pelo homem-ciborgue. A religião da tecnologia está em vias de substituir a religião tradicional? Haverá violentas oposições, até mesmo guerras de religiões entre transumanistas e bioconservadores, ou uma suave transição? De fato, as primeiras pontes aparecem entre transumanismo e religião: o Dalai-lama se apaixona pela neuroteologia e o controle cerebral de sentimentos religiosos. Seria o budismo a religião intermediária antes da era transumanista? Essa terceira idade religiosa é cheia de ameaças psicanalíticas. Em sua apaixonante conferência de 1972, na universidade de Louvain, Jacques Lacan explicava porque a morte nos ajuda a viver e porque a vida seria terrível se não tivesse fim. Quando tudo é possível, o ser humano enlouquece. A psicanálise nos ensinou até que ponto a ausência de restrições é fonte de confusão. A ideologia transumanista, que amplia nossas fantasias de onipotência, é portadora de muitas patologias psiquiátricas. O transumano viverá na ilusão de sua onipotência, que é mortífera para o nosso psiquismo. Uma coisa é certa, psiquiatria é uma profissão do futuro!

JMB: Você acaba de citar Jacques Lacan. Esse grande intérprete dos sentidos e das significações que nos conferem nossa humanidade. Terminarei com uma anedota que põe em foco o esquecimento da oposição dos sinais e dos signos, onde vejo o principal perigo de nosso tempo: durante o Salão Parisiense do Livro em março de 2016, o filósofo Michel Serres e eu fomos convidados a debater publicamente, a propósito da história em quadrinhos de um coreano chamado Oh Yeong Jin, *Adulteland*. Nós falamos do homem ampliado, de sua realidade e das fantasias que o tornam ora atrativo ora repulsivo. Querendo cravar as unhas nos tecnófobos de toda espécie, entre os quais ele me incluía sem dúvida, Michel Serres chamou o público como testemunha e prendeu sua atenção mais ou menos com essas palavras: "Todos somos seres ampliados, particularmente nesse salão onde os livros à nossa volta figuram como tantos acréscimos para nossos espíritos que nada seriam sem a escrita que aumenta seu desenvolvimento imensamente!" O argumento, com efeito, reaparece sem cessar: por que as expectativas dos transumanistas não seriam da mesma natureza que aquelas que permitiram traduzir e cumprir a revolução da escritura? Eu me aventurei a responder a Michel Serres que a revolução digital não me parecia prolongar a da escritura, mas sim ameaçá-la: as tecnologias contemporâneas, disse a ele, nos sujeitam a sinais cada vez mais numerosos e obsedantes, que exigem reações comportamentais cada vez mais rápidas, enquanto os livros nos inscrevem nas relações de longa duração, em que os signos chamam ao diálogo consigo mesmo, com o autor, com os leitores – de todo modo, com a humanidade em si e com os outros. E esperamos que este livro contribua para isso.

PARA IR MAIS LONGE

LIVROS

ALEXANDRE, Laurent. *La Défaite du cancer*. Paris: JC Lattès, 2014.

____. *La Mort de la mort: Comment la technomédecine va bouleverser l'humanité*. Paris: JC Lattès, 2011.

ATLAN, Henri. *L'Utérus artificiel*. Paris: Seuil, 2005.

ATLAN, Monique; DROIT, Roger-Pol. *Humain: Une Enquête philosophique sur ces révolutions qui changent nos vies*. Paris: Flammarion, 2012.

BESNIER, Jean-Michel. *La Sagesse ordinaire*. Paris: Le Pommier, 2016.

____. *Demain les posthumains, le futur a-t-il encore besoin de nous?* Paris: Fayard, 2010 e Paris: Pluriel, 2012.

____. *L'Homme simplifié: Le Syndrome de la touche étoile*. Paris: Fayard, 2012.

BRYNJOLFSSON, Erik; MCAFEE, Andrew. *The Second Machine Age: Work, Progress, and Prosperity in a Time of Brilliant Technologies*. New York: Norton, 2014. (Trad. brasileira: *A Segunda Era das Máquinas: Trabalho, Progresso e Prosperidade em uma Época de Tecnologias Brilhantes*. Rio de Janeiro: Alta Books, 2015.)

COEURNELLE, Didier; ROUX, Marc. *Technoprog: Le Transhumanisme au service du progrès social*. Limoges: FYP, 2016.

DYENS, Olivier. *La Condition post-humaine*. Paris: Flammarion, 2008.

FÉRONE, Geneviève; VINCENT, Jean-Didier. *Bienvenue en Transhumanie: Sur l'homme de demain*. Paris: Grasset, 2011.

FERRY, Luc. *La Révolution transhumaniste: Comment la technomédecine et l'uberisation du monde vont bouleverser nos vies*. Paris: Plon, 2016.

HARAWAY, Donna. *Manifeste Cyborg et autres essais: Sciences, fictions, féminisme*. Paris: Exils, 2008.

JIN, Oh Yeong. *Adulteland*. Poitiers: FLBLB, 2014.

KLEINPETER, Edouard (dir.). *L'Humain augmenté*. Paris: CNRS, 2013.

KURZWEIL, Ray. *Humanité 2.0: La Bible du changement*. Paris: M21, 2007.

____. *Serons-nous immortels? Oméga 3, nanotechnologies, clonage*. Paris: Dunod, 2006.

LANIER, Jaron. *Internet: Qui possède notre futur?* Paris: Le Pommier, 2014.

LECOURT, Dominique. *Humain, posthumain: La Technique et la vie*. Paris: PUF, 2003. (Trad. brasileira: *Humano Pós-Humano: A Técnica e a Vida*. Trad. Luiz Paulo Rouanet. São Paulo: Loyola, 2005.)

MONOD, Jacques. *Le Hasard et la nécessité*. Paris: Seuil, 1970. (Trad. brasileira: *O Acaso e a Necessidade*. Trad. de Bruno Palma e Pedro Paulo de Sena Madureira. Petrópolis: Vozes, 2006.)

PIKETTY, Thomas. *Le Capital du XXIe siècle*. Paris: Le Seuil, 2014. (Trad. brasileira: *O Capital no Século XXI*. Trad. Monica Baumgarten de Bolle. Rio de Janeiro: Intrínseca, 2014.)

ROSTAND, Jean. *Aux Frontières du surhumain*. Paris: Union Générale d'Éditions, 1962.

THIEL, Marie-Jo. *La Santé augmentée: Réaliste ou totalitaire?* Montrouge: Bayard, 2014.

VIDAL, Clément. *The Beginning and the End: The Meaning of Life in a Cosmological Perspective*. [S.l.]: Springer, 2014.

NA INTERNET

L'Association transhumaniste mondiale: <www.transhumanism.org>.

L'Association française transhumaniste Technoprog: <www.transhumanistes.com>.

Humanity+, une association transhumaniste: <www.humanityplus.org>.

Le Parti transhumaniste européen: <www.transhumanityparty.eu>.

Le Think Tank NeoHumanitas: <www.neohumanitas.org>.

Trois sites d'information et de réflexion sur la science: <www.piecesetmaindoeuvre.com>; <www.up-magazine.info>; <www.sciences-critiques.fr>.

Le Site du comité consultatif national d'éthique: <www.ccne-ethique.fr>.

ÍNDICE DE NOMES E CONCEITOS

acaso 50, 64, 74, 75, 101, 109.
AFT – Associação Francesa Transumanista 72.
algoritmo 91, 92.
AlphaGo 17, 82, 83, 84, 85.
aprendizado de máquina (machine learning) 83.
Atlan, Henri 32.
avaliação 44, 100, 115.

Barthes, Roland 109.
bioconservadorismo 29.
bioética 98, 99.
biologia de síntese 40.
Bourdieu, Pierre 52.
Brin 72, 80.

CCNE – Comitê Consultivo Nacional de Ética 99.
células IPS 34.
células-tronco 22, 23, 34, 45, 62, 99, 114.
células-tronco IPS 34, 62.
Church, George 40.
cibermundo 98.
cibernética 11, 14, 48, 53.
cibersexualidade 35, 56, 58.
ciborgue 33, 48, 49, 50, 52, 53, 118.
cinismo 23, 67.
cissiparidade 37.
clonagem 38, 39, 67, 74, 101.
consciência 53, 62, 67, 79, 83, 86, 88, 92, 103.
coração artificial 18, 48.
cuidado 43, 116.

Deep Blue 17, 80, 85.
DeepMind 83, 84.
democracia 19, 98, 100, 106, 110, 111.
democracia técnica 97, 100.
depressão 110.
desejo 13, 28, 32, 39, 58, 66, 70, 109.
dessimbolização 58.
determinismo genético 51.
diálogo 11, 12, 42, 43, 57.
diversidade 37, 101.
doença 22, 23, 39, 41, 42, 43, 44, 51, 65, 71, 72, 74, 101.
duplicação 35, 38, 67.

engenheiro do vivente 62.
Estado-providência 106.
eternidade 66, 116.
ética 23, 91, 94, 99, 100.
eugenismo dito "negativo" 73.
eugenismo dito "positivo" 73.
experts 83, 101.

ferramenta 28, 42, 43, 48, 49, 53.
filantrocapitalismo 102.
fóruns híbridos 100, 111.

Gabor, Dennis 23.
Gafam 12, 14, 30, 84, 86, 87, 92, 98.
Galton, Francis 70, 101.
Gardner 84.
genoma 36, 37, 40, 51, 74, 101, 108, 109, 117.
Google 12, 17, 30, 49, 61, 63, 65, 71, 72, 80, 83, 84, 86, 88, 90, 91, 93, 94.

Habermas, Jürgen 70, 73.
handicap 22, 25, 26, 41, 50, 73.
Haraway, Donna 33.
Hawking, Stephen 78, 84.
hibridação 74, 101, 113, 115.
homem ampliado 21, 24, 42, 118.
homem-ciborgue 118.
humano consertado 53.
Huxley, Aldous 18, 32, 105, 106.
Huxley, Julian 70.

imortalidade 34, 35, 37, 59, 62, 63, 65, 66, 67, 109, 117.
inovação 23, 24, 49, 88.
inteligência 17, 28, 30, 77, 78, 79, 80, 81, 82, 83, 84, 85, 86, 88, 91, 93, 104, 110, 111.
inteligência artificial (IA) 14, 17, 18, 21, 27, 49, 58, 72, 78, 79, 80, 82, 85, 88, 92, 94, 98, 103, 110.
inteligência em silício 71.
intencionalidade 53.

Kurzweil, Ray 14, 27, 28, 63, 72, 78, 86, 88, 89, 91, 113, 116.

Lacan, Jacques 118.
Lanier, Jaron 92, 93.

leigos 100.
linguagem 14, 28, 29, 67, 85, 99.
livre-arbítrio 18, 50, 52, 81, 101.
longevidade 35, 62, 63, 64, 67, 73, 111, 115.
luditas 25.

medicina conectada 42, 115.
medicina de ampliação 24.
Monod, Jacques 108.
morte 18, 35, 37, 39, 46, 59, 61, 62, 63, 64, 65, 66, 67, 70, 71, 72, 75, 92, 101, 109, 114, 117, 118.
Musk, Elon 49, 78, 88, 103.

nanorrobôs 48.
nanorrobôs intracerebrais 88.
necessidade 58.
neuroprótese 91.
neurosegurança 112.
normatividade 44, 101.

oposição dos sinais e dos signos 118.
Orwell, George 106.

palavra falada 67.
pensamento integral 115.
pensamento religioso 116.
performances 21, 30, 33, 42, 50, 53.
perversão 56, 57.
pornografia 35, 57.
psicanálise 44, 118.
pulsão 56, 57.

QI 25, 29, 30, 81, 84, 110.

redes sociais 92, 110.
reflexão neuroética 104.
reparação 24, 42, 43.
reprodução sexuada 35, 37, 38, 39, 67, 74.
robô 17, 43, 48, 56, 57, 58, 59, 83, 84.
Rostand, Jean 27, 70.
Rousseau, Jean-Jacques 24.
Ruffié, Jaques 37.

saúde 42, 43, 45, 47, 62, 65, 89, 90, 94.
seleção darwiniana 36, 74.
sequenciamento do DNA 26, 65, 72, 74, 108.
sexualidade 35, 37, 55, 56, 57, 58, 59.
signos 14, 29, 42, 43, 44, 45, 67, 118, 119.
sinais 43, 67, 81, 117, 118, 119.
Soon Soon Soon 89.

tecnofilia 25.
tecnófobo 29, 118.
tecnoprogressismo 29.
telepatia 67.
telomerase 35, 62.
tobogã eugenista 25, 73.
Tocqueville, Alexis de 106.
totalitarismo 75, 109.

Vale do Silício 18, 46, 49, 63, 88, 98, 102, 103.
vale estranho 58.
vertigem niilista 50.
vida interior 44, 111.
Vidal, Clement 66, 114, 117.
vida simbólica 66.